超簡單〔圖解〕 電子電機

工程數學

マンガでわかる
電気数学

松下マイ —— 作畫

郭鴻森 —— 審訂
大同大學機械系教授

田中賢一 —— 著

Office sawa —— 製作

謝仲其 —— 譯

※本書原名《世界第一簡單工程數學（電子電機）》，現更名為此。

前言

　　本書以漫畫的形式，淺顯易懂地解說，在學習電機工程與電子學等科目時不可或缺的數學知識。本書宗旨在於透過解答電子電路相關例題，使讀者能深入理解在解題時可能不易了解的數學內容。

　　因此我的撰寫方向，是希望讓本書不單是給電機工程與電子科系的學生們看，還可以給高中普通科生作為相對好懂的數學問題參考書。

　　若是就讀電機工程與電子科系，要完全忽略數學是不可能的。因為電機工程與電子學的學問體系，就是利用數學所建構的知識。

　　實際上，在大學讀電子電路與電磁學，或是在高級工業職校讀基礎電學時，如果沒辦法應付大量的數學問題，會學得很辛苦。所以近來以電子電機工程數學為主題的書籍不斷出版，電子技能檢定的參考書也越來越多。

　　本書雖然也有部份類似的性質，不過最大的特徵是運用漫畫來說明數學與電學的基礎知識，以對話的形式清楚仔細地說明電子電路的演算題解答方式。我在撰寫時避開無謂的瑣碎推演，使得內容好懂又實用。我認為這樣對於剛要踏入基礎階段的讀者，比較容易進入狀況。

　　希望各位讀完本書後再去閱讀內容高深的參考書（大學是電子電路或電磁學，高工則是電子理論或電子技術），更進一步提昇自己的能力。

　　對於本書的製作，我要誠心感謝Ohmsha研發部的所有人、負責作畫的松下マイ小姐、擔任製作的Office sawa所有人，當然還要對購買本書的各位致上無比的謝意。最後，若是本書能在各位學習電子電路與工程數學時助上一臂之力，那就是筆者最大的成就。

田中賢一

目　錄

第 2 章　用方程式・不等式解電路問題〈直流電路篇〉　55

第 5 章　用方程式 · 不等式解電路問題

〈交流電路篇〉　　　　　195

序章

耶誕燈飾最討厭了！

——冬天，市區內某處

……冷……
冷空氣來臨…

市內寒流來襲…
創紀錄…
沙一
出門請…注
…意安…
沙

…還說什麼
外出…

在室內就冷得
半死啦…！

12/19

停電…也不知道
停多少天了…

連日曆都不想
去翻了…

靜

什麼

可惡⋯收音機怎麼突然就沒聲音了！

電池沒電嗎！？
好啦好啦我現在就換啦！

現在只有你會跟我說話啊－！

哇 啊 啊 啊 啊 啊

嘶⋯嘶

哦⋯搞什麼，原來只是收訊不良啊。

還像沒事一般播放那麼輕快的音樂⋯

沙 沙

叮噹，叮叮噹，鈴聲多－⋯

？

⋯等等，

從真正停電開始到現在已經幾天了？

莫非，

今天是

嗡－

嘟

平安夜！！？

……

喀 喀喀
喀喀

啪嚕嚕嚕

哈啾

…唉，算了，
反正我沒朋友
也沒女友。

磨蹭

我來東京唸大學
就快要一年了。

因為跟不上課堂進度，又
沒有可以請教的朋友，上
個月打工還被開除，

現在還待在這停電而冷得要死
的房間…孤單地裏著毛毯，真
是慘到不能再慘了…

流鼻水—

沙沙

啊—可惡

詛咒那些約會的情侶，
鞋子全部爆炸吧！

好冷！這幾天都沒好好吃
東西，感覺特別寒冷！

我會不會就這樣凍死
啊……！！！

沒有人發現我的
話該怎麼辦啊…

咕嚕
咕
嚕嚕

我真的很沒用……
到底在幹嘛…

4

不行，
越想越灰暗了！
都是冷天害的！
糟糕糟糕！
我想要電燈！
我想要火！
想要暖氣！
我想要電力！
電力快來吧！
來照亮
我的未來吧ー…！
嘰
請問這裡是
青沼先生的家嗎？

我是電力公司的人！

嗯～是這樣的！

由於這次寒流異常地久，所以政府公布了特別法令，特別供電給電費未繳納的用戶。

我挨家挨戶訪察，就是要告訴大家這個訊息－

狼吞

虎嚥

嚼

狼吞

虎嚥

大口大口吃

抱歉忘了先自我介紹，我是田川電力的職員，叫我小橘就好。

今後請多多指教！

咦 咦 吃 咦 吃 吃

名片 →

鞠躬

6

嘻到!?

來，喝水！

不過突然有人跟我求救，真是嚇了一跳～！

請好好飽餐一頓！然後努力工作來繳電費吧！

喝…

……電力公司的小姐，

妳很喜歡妳的工作…對吧？

喀

嗯？

因為啊…今天明明是平安夜，妳卻還在工作，

呼

大受打擊～～

難道我問了不該問的問題！！？

精神奕奕的…看起來好像很開心吶…

嗚…我才不想工作呢！我也想去看耶誕燈飾啊！

我多希望那些情侶約會時，腳會絆到石頭啊一！

這、這樣啊…

這人的個性似乎和我一樣…

---···雖然---

我心裡這麼想，

但其實不要緊的！

電和大家的日常生活息息相關，不是嗎？

透過這份工作…讓每個人的生活都能舒適愉快，

對我來說是非常值得驕傲的事。

你看！青沼先生這次切身體會到電的重要了吧！

這就是從事這份工作才有的美妙！是對電力的愛唷！

……

……電力……

是吧……

？

怎…
怎麼了？

青沼先生，
你不能這樣
繼續下去。

工程數學，

是利用數學這個工具，使人
「更深入瞭解電」的學問！

…首先，請回憶一下高中
時期的數學。

你還記得 sin（正弦）、cos
（餘弦）、tan（正切）嗎？

妳這麼一說好像是有那
些像咒文的東西啊～…

我記得是三角形的
…呃…

就是那個！
「三角函數」啦！

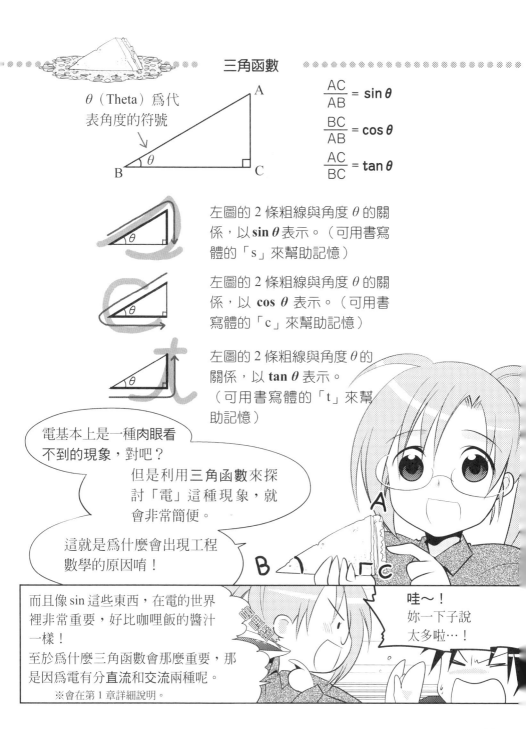

三角函數

θ（Theta）為代表角度的符號

$$\frac{AC}{AB} = \sin\theta$$

$$\frac{BC}{AB} = \cos\theta$$

$$\frac{AC}{BC} = \tan\theta$$

左圖的 2 條粗線與角度 θ 的關係，以 $\sin\theta$ 表示。（可用書寫體的「s」來幫助記憶）

左圖的 2 條粗線與角度 θ 的關係，以 $\cos\theta$ 表示。（可用書寫體的「c」來幫助記憶）

左圖的 2 條粗線與角度 θ 的關係，以 $\tan\theta$ 表示。（可用書寫體的「t」來幫助記憶）

電基本上是一種肉眼看不到的現象，對吧？

但是利用三角函數來探討「電」這種現象，就會非常簡便。

這就是為什麼會出現工程數學的原因唷！

而且像 sin 這些東西，在電的世界裡非常重要，好比咖哩飯的醬汁一樣！

至於為什麼三角函數會那麼重要，那是因為電有分直流和交流兩種呢。

※會在第 1 章詳細說明。

哇～！
妳一下子說太多啦…！

啊，對不起！
只要一聊到電，我就會變得太過興奮…

沒關係…

聊電…？

嗯，以生活上的例子來說，如果學會工程數學，

「為什麼麻雀站在電線上不會觸電呢？」，「為什麼設定同樣溫度，現在的冷氣電費卻能比十年前還要便宜呢？」…這些問題都能解答了。

——今天，我和青沼先生在這樣的耶誕夜相遇，或許也是緣份。

可是…因為我們肉眼看不見緣份，所以這可能不是正確答案。

工程數學卻會告訴我們——讓我們得出**數學解答**，

給我們清楚明確的答案。

12

像這樣的事情…

你不覺得非常美妙嗎…？

怎麼好像…遇到怪人了啊…

抓頭…

…嗯，是啦，有清楚的答案真不錯呢。

就是說啊～

可以的話…我教你工程數學好嗎？

咦！？

接下來剛好碰上年尾年初有放假…既然你好不容易對電產生興趣，就讓我來幫你吧！

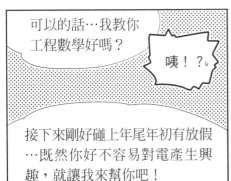

…可是…

……

笑瞇瞇

笑瞇瞇

序章★耶誕燈飾最討厭了！　13

…那，
就當作是難得的緣份，

請妳多多指教了。

——其實

後來想想，

這次的緣份也照亮了我的未來

…因為剛剛我看滿街都是亮晶晶的耶誕燈飾，

只有你的房間卻漆黑一片…

閃亮

耀眼

看起來真可憐…

…我馬上就去付電費…對不起…

噹噹

第 1 章

工程數學是什麼？

1 電學的基本知識

哇一…

從我家過來只要五分鐘…！

都不知道我家附近有這樣的地方…

呵呵一！這裡是最近才剛蓋好的唷～

啊…話說回來，真是不好意思，妳今天本來是休假對吧？

是呀，不過沒關係，

反正我什麼約會都沒有…

出現了！負面思考的氣場！！

呼

嗡ーー

才～怪！

假日還能來探討電，真是太幸福了！

電的原理

我們趕快開始吧！

…這還真是非常…可愛…

給小孩看的教材…!? 我只有小孩子程度嗎…!?

可愛吧～
小孩子都很喜歡唷～

不過…正因為對象是小孩，才會把這些重要的東西寫得淺顯易懂，

我們就先用這個來培養你對電的世界的親切感吧！

…好吧，我會加油。

好！一起加油吧！

與電相關的名詞

把電的流動比做水的流動，清楚易懂呢。

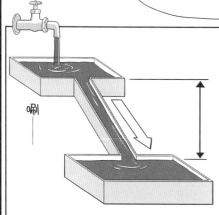

水是從高處往低處流，電也是一樣。水是因為有水位差（水壓）而流動，電則是因為有電位差（電壓）而流動。

水位差＝電位差
＝

電壓

由此可知，「電壓」就是使電流動的壓力。

電的符號與單位

物理量	符號	單位
電壓	V 或者 E	V（伏特）
電流	I	A（安培）
電阻	R	Ω（歐姆）
電力	P	W（瓦特）
頻率（參照 P.34）	f	Hz（赫茲）

Q. 為什麼代表電壓的符號有兩種呢？

A. 因為我們依據電壓種類，將它們區分為
V…電壓或是電壓降　E…電源電壓

（本書從第 2 章開始會如此區分。）

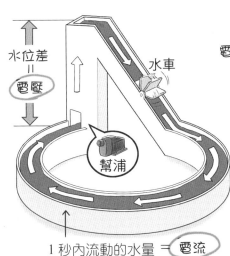

水位差 = 電壓

水車

幫浦

1 秒內流動的水量 = 電流

電壓 × 電流 = 電力

「電流」是
1 秒內電流動的量

「電力」是
電流動時，1 秒內可以作功的量

請看著圖中的水車與幫浦，同時聽我的解說唷。

注意水車！

如果要把水車比喻成與電相關的東西，水車就代表電燈泡。水車會因為水流而轉動，電燈泡也會因為電流而發光。

因為水車或是電燈泡會成為"流動時的阻礙"，我們稱之為「負載」。負載妨礙流動時，會產生「電阻」。

電阻就是表示「流動困難」的程度。

注意幫浦！

幫浦將水打到上方，產生水壓，把幫浦比喻成與電相關的東西，幫浦就代表電池。

如果沒有幫浦，就不會產生電流。

在電路中，我們稱之為「電源」，即電源的組件。

部份引用自　藤瀧和弘《世界第一簡單電學原理》　世茂出版

◯ 電路的基本知識

電路就是電流經過的路徑。
而電路圖就是以簡單的圖像符號，來表示電路的圖。

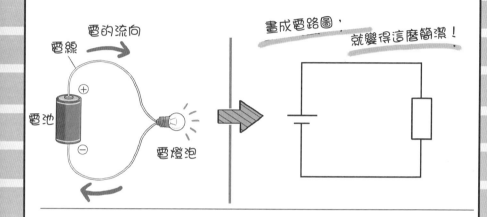

電路由電源電壓、電流、電阻三部份組成，並且用電線連結在一起。

這張圖裡的電源電壓代表乾電池，在此產生電阻的是具有負載的電燈泡。
電路一定是封閉式，我們稱之為**封閉電路**（closed loop）。

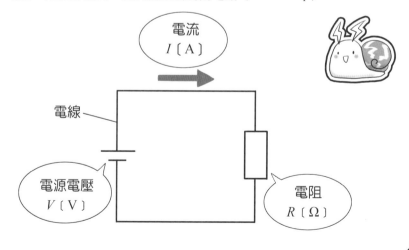

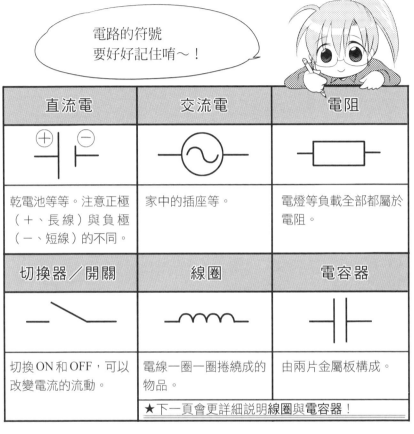

電路的符號
要好好記住唷～！

直流電	交流電	電阻
乾電池等等。注意正極（＋、長線）與負極（－、短線）的不同。	家中的插座等。	電燈等負載全部都屬於電阻。

切換器／開關	線圈	電容器
切換 ON 和 OFF，可以改變電流的流動。	電線一圈一圈捲繞成的物品。	由兩片金屬板構成。
	★下一頁會更詳細説明**線圈**與**電容器**！	

此處的電阻，使用的圖形符號是依據 JIS（日本工業規格：Japanese Industrial Standards）所重新制定。

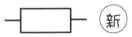

電阻的符號有舊 JIS（1952 年制定）和新 JIS（1997 － 1999 制定）兩種制度，舊 JIS 依然流通使用。

線圈與電容

線圈是…

馬達裡有線圈，無線電接收器的天線元件也有線圈。

電容器是…

又稱為蓄電器，可以暫時儲存電能的裝置，簡稱電容。

使用在電子電路中，以減少電力的浪費。

依據不同電路，線圈與電容的作用也不同。

 歐姆定律

電流 I 流動時，大小與電壓 V 呈正比，與電阻 R 呈反比。我們稱這現象為「歐姆定律」，對於電路而言，是最重要而基本的定律。

$$電流\ I = \frac{電壓\ V}{電阻\ R}$$

原來只要知道電壓、電流、電阻其中兩項的數值，就能算出剩下那一項啦。

嗯嗯

串聯與並聯

電路的接法分為以下兩大類。

串聯接法	並聯接法
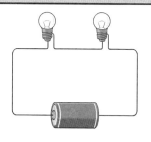	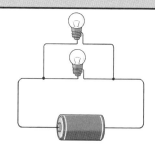
以直線串接方式連接兩個電阻。	以並排方式連接兩個電阻。

兩者有什麼不同嗎？

電流的流動方式，還有電壓的作用方式都不同唷～

串聯接法	並聯接法
電流以同樣大小流動 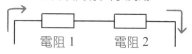 電阻 1　電阻 2	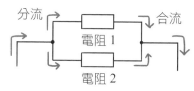 分流　　　合流 電阻 1 電阻 2
電源的電流＝電阻 1 的電流＝電阻 2 的電流 電源的電壓＝電阻 1 的電壓＋電阻 2 的電壓	電源的電流＝電阻 1 的電流＋電阻 2 的電流 電源的電壓＝電阻 1 的電壓＝電阻 2 的電壓

這邊寫的基礎知識都很重要，
要好好記下來唷♪

2 交流電是什麼？

直流電與交流電

我來介紹一下電力館內的設施吧。

首先這間是展覽室。

1F 展覽室

青沼同學！我馬上考考你，請問你有沒有聽過「示波器（Oscilloscope）」？

示波機關城

呃、這，是什麼機關嗎？

可惜猜錯嘍。

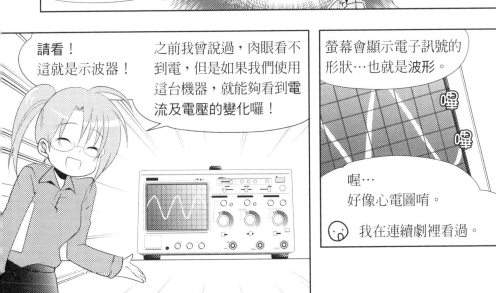

請看！
這就是示波器！

之前我曾說過，肉眼看不到電，但是如果我們使用這台機器，就能夠看到電流及電壓的變化囉！

螢幕會顯示電子訊號的形狀…也就是波形。

喔…
好像心電圖唷。

我在連續劇裡看過。

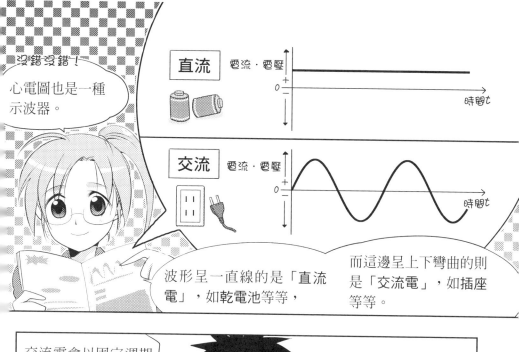

沒錯沒錯！

心電圖也是一種示波器。

| 直流 | 電流‧電壓 |

波形呈一直線的是「直流電」，如乾電池等等，

而這邊呈上下彎曲的則是「交流電」，如插座等等。

交流電會以固定週期來回於正負極之間，

所以電流的大小與方向都會跟著改變吧…

喔喔青沼同學，這裡要特別注意！

直流、交流所指的不單是電流而已，而是**電流與電壓**的統稱喔～

請你要留心唷！

喔喔…！對不起。

說到要特別注意的地方，一般來說直流電的符號是大寫，交流電的符號則是以小寫表示。

這裡也要好好記住唷！

這樣啊…真是重要呢…！

直流	直流電流…I
	直流電壓…V
交流	交流電流…i
	交流電壓…v

喔喔…

26

來觀察摩天輪吧

對了青沼同學…還記得我一開始提過 sin、cos、tan 很重要嗎…？

我…我記得，我記得！

記得是那個三明治！三角形的東西！

答對了！
我們高中時學過三角函數的 sin、cos、tan。

那你還記得學過的三角函數圖形嗎？

圖、圖形嗎…

我投降

哎啊～果然忘了…

這部份相當重要，我們來好好複習一下吧！

請往那座山的方向看！

摩

摩、摩天輪…？？

我們要眺望摩天輪那愉快的動向…同時來學三角函數圖形…！

……

她的思考方式…還真的很有趣…

摩天輪與 sin 圖形

摩天輪半徑 10m，轉一圈要花上 6 分鐘（360 秒）。
現在我們注意圖中那臺黑色車廂的高度，
你知道，黑色車廂幾秒後會到最高處，幾秒後會到最低處嗎？

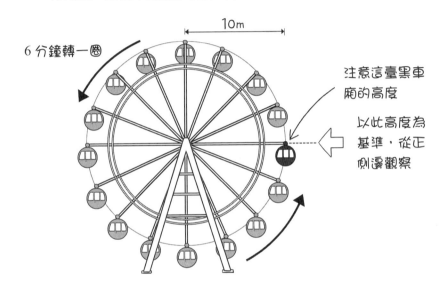

10m

6分鐘轉一圈

注意這臺黑車
廂的高度

以此高度為
基準，從正
側邊觀察

 我想想，90 秒後會到最高處，270 秒後會到最低處…吧。

 沒錯！將黑色車廂的高度以圖形表示，就會像下面這樣～

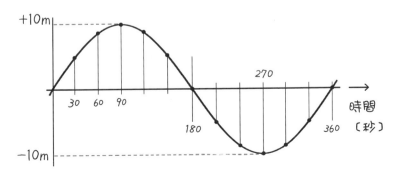

+10m

30 60 90

270

180

360

時間
〔秒〕

−10m

嗯嗯。

這條波形其實就是三角函數 sin 的圖形！

函數就是**當我們得知其中一個數值，另一個數值也能確定的對應關係**。這個圖形表示出這種對應關係是連續的。

啊，原來如此！

只要知道時間，就會知道黑色車廂的高度。

反過來說，知道高度，就可以知道時間過了多久。

答對了！至於為什麼跟三角函數有關…你看！

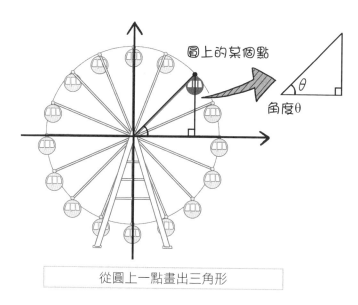

從圓上一點畫出三角形

喔喔，有個三角形耶！

黑色車廂轉一圈，點就會跟著在圓周上移動，形成「**圓周運動**」。

只要觀察圓上的點，就能畫出三角形。

引用自　澀谷道雄著　《世界第一簡單傅立葉分析》世茂出版

🌀 單位圓與 sin 圖形

 看完了摩天輪,現在我們以「單位圓」來探討sin的圖形吧!

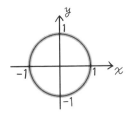

單位圓就是半徑長度為 1 的圓形。由於單位圓簡單又方便,當我們在討論角度或波形時,會用單位圓為基準。

 有個點在圓周上作**圓周運動**,請想像成摩天輪車廂的轉動。注意圓上的這個點,請畫出一個三角形。

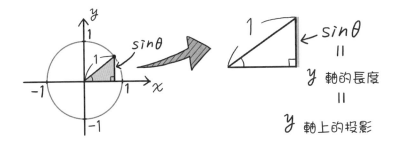

好,請與前面提到的sinθ定義比較,來作探討。(參閱P.11)

 啊!三角形的高度就代表sinθ嘛。

 沒錯!換句話說,我們只要注意 y 軸的長度就好。以數學的專業用語來說,就是**在 y 軸上的投影**。

在摩天輪的例子裡,轉一圈(360 度)花了 360 秒。
由此可知,45 秒後角度θ就是 45 度,90 秒後角度θ就是 90 度。…我們可以用這種方式來思考唷~

30

以下整理目前為止提到的所有內容，三角函數的圖形會變成下面這樣！

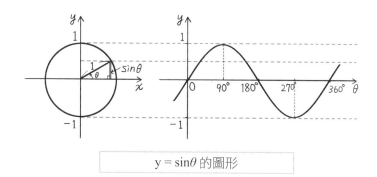

$$y = \sin\theta \text{ 的圖形}$$

 啊！高中有學過這個，我想起來了！！

 接著，如同三角形的高度等於$\sin\theta$，我們將**三角形底邊的長度標爲**
$\cos\theta$，請回想$\cos\theta$的定義。（參閱 P.11）
三角函數 cos 的圖形如同下方所示！

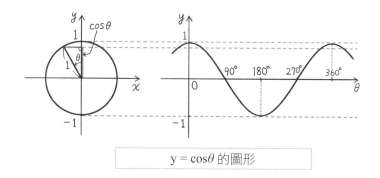

$$y = \cos\theta \text{ 的圖形}$$

 sin和cos的波形一樣，只是差了 90 度而已。

 是的，三角函數不只與三角形有關，**與圓周運動或圓也有密切的關**
聯，要好好記清楚唷。

 除了三明治，還要記得摩天輪是吧！

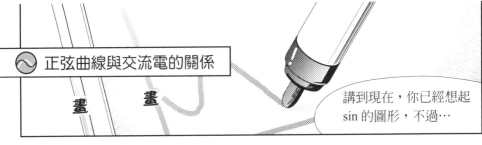

正弦曲線與交流電的關係

畫　畫

講到現在，你已經想起 sin 的圖形，不過…

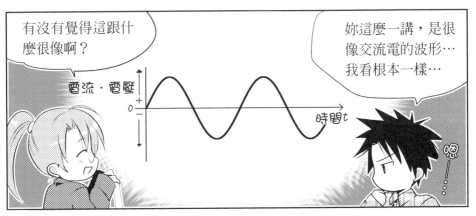

有沒有覺得這跟什麼很像啊？

妳這麼一講，是很像交流電的波形…我看根本一樣…

電流‧電壓

0

時間 t

嗯………

答對了！
sin 的圖形就是交流電的波形！

正弦波　　交流正弦波

sin 的圖形稱為正弦曲線（sine curve），插座等的交流電也就是「交流正弦波」啦！

像 sin 等三角函數，在解析交流電等等的波形時就會派上用場，

絕不是無意義的學習唷～

從三角函數
　到正弦曲線…

從正弦曲線到
　交流電的波形…！

的確…當初在學的時候，我都在想「這到底有什麼用」，

現在這樣一講，其實跟我們有相當密切的關係呢…

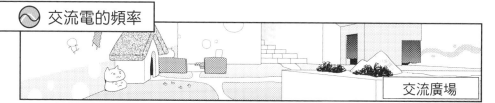

交流廣場

那麼關於交流這部份，
我們再講詳細一點吧。

我們在示波器上看到的交流波形，不是
一直在正（＋）負（－）之間來回嗎？

噗咻

嗯，
是呀。

其實這是因為電的流動方向
不斷在改變的關係。

插座的電就是像這樣左
右來回唷。

嗯…
好像很忙碌耶…

喀噹
喀咚
喀噹
喀咚

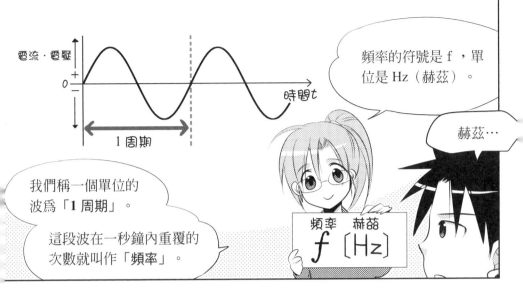

電流・電壓

1 周期

時間 t

頻率的符號是 f，單位是 Hz（赫茲）。

赫茲…

我們稱一個單位的波爲「1周期」。

這段波在一秒鐘內重覆的次數就叫作「頻率」。

頻率　赫茲
f〔Hz〕

赫茲這名詞時常聽到…

我是不太清楚啦，好像跟家電用品什麼的有關…

啊啊，的確！因爲日本東西部的用電頻率不同！

這要講到日本剛開始有發電技術時…明治29年（西元 1896 年）關東先從德國進口發電機，而關西是翌年從美國進口發電機。

從那時起，雖然同爲一個國家，關東和關西的頻率就不同，直到現在還是這樣…

關西 60Hz

關東 50Hz

沒辦法統一規格，責任在我們，是電力公司的努力不夠…

造成大家的麻煩…

深感抱歉

不不不不，我沒有那個意思啦…

交流電的極值、有效值、瞬間值

接下來我們來玩猜謎吧。

什麼猜謎？

極值
瞬間值
有效值

這邊有三個關鍵詞，極值、有效值、瞬間值，來猜猜它們分別該用在圖形的哪裡！

想想名詞的含意就很容易解答唷～

嗚哇…好像很難…

首先「極值」是指波的峰值嘍。

然後「有效值」是實際供給的數值，

「瞬間值」是某個瞬間的電流或電壓的數值。

這個嘛…

家庭用的插座電壓供給，好像是 100V…

也就是說…

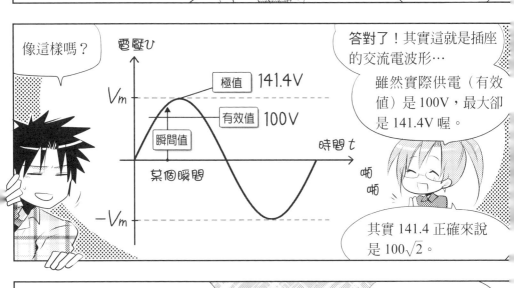

像這樣嗎？

電壓 U

極值 141.4V

V_m

有效值 100V

瞬間值

某個瞬間

時間 t

$-V_m$

答對了！其實這就是插座的交流電波形…

雖然實際供電（有效值）是 100V，最大卻是 141.4V 喔。

啪啪

其實 141.4 正確來說是 $100\sqrt{2}$。

此外，V_m 代表電壓的極值，I_m 則是電流的極值。

這裡的 m 就是「極大值」MAX 的 m 唷～

MAX!

這還真不賴

原來如此…這就好懂多了。

那麼最後我們來整理一下
交流電的內容吧！

交流電和 sin 的
圖形一樣～

寫寫

所以交流電的電流 i 和電壓 v 可以
用 sin 分別表示成這兩道公式：

交流電流　　$i(t) = I_m \sin \omega t$

交流電壓　　$v(t) = V_m \sin \omega t$

又稱作「瞬間值的公式」，電流或電壓
大小會隨著時間 t 而變化。

另外，若是將交流電壓畫成
圖表，就會變成這樣！

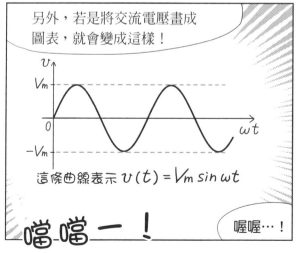

這條曲線表示 $v(t) = V_m \sin \omega t$

嗒嗒一！

喔喔…！

一一確認各個符號的
意義，就很好懂囉～

我想想

時間是 t…然後 V_m
是剛剛提過的極值
…所以…

？？？？

這什麼啊…怎麼有個像貓咪嘴形的可愛符號…

出現

那是 ω（OMEGA）！

ω 是「角速度」，代表正在做圓周運動的點，一秒內前進多少角度。

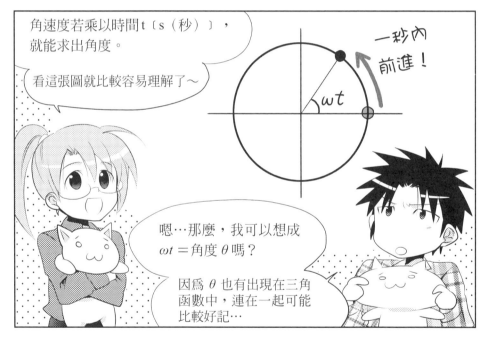

角速度若乘以時間 t〔s（秒）〕，就能求出角度。

看這張圖就比較容易理解了～

一秒內前進！

ωt

嗯…那麼，我可以想成 $\omega t =$ 角度 θ 嗎？

因為 θ 也有出現在三角函數中，連在一起可能比較好記…

這個嘛～
目前是沒問題。
其實 ω 還有各種不同的意義，之後再好好地解釋吧
（詳細請見 P.114）。

好！

3 工程數學所需要的數學？

必備的數學

題庫

要學習工程數學，「練習解工程數學的問題」是很重要的。

唔…習題嗎？我不擅長解題啦…

哼哼哼，早就料到你會有這反應～

不過，能解開問題，也是你懂得電子工程和數學兩者知識的證明呀。

請當作是一種集點遊戲吧。

已集滿目標點數

解出答案的感覺是會上癮的唷～

…這、這樣啊…

妳的光芒…

閃耀

因此，在你學習這一節之後，我準備了8個問題。

Q.1

嗚～我會努力加油啦…

好，講到這些問題，工程數學的問題可以分成兩大類，那就是「直流電的問題」和「交流電的問題」。

但兩者所須具備的數學知識稍有不同，整理起來是像這樣！

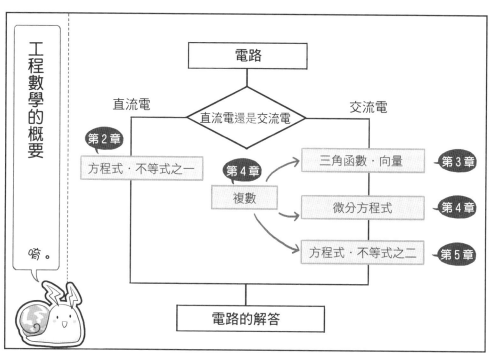

工程數學的概要

嗯。

電路

直流電　直流電還是交流電　交流電

第2章
方程式・不等式之一

第4章
複數

三角函數・向量　第3章

微分方程式　第4章

方程式・不等式之二　第5章

電路的解答

嗚哇…
種類還眞多…

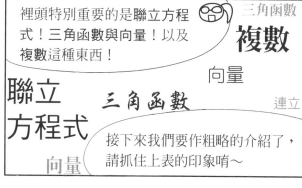

裡頭特別重要的是聯立方程式！三角函數與向量！以及複數這種東西！

三角函數

複數

向量

聯立
方程式

三角函數

連立

接下來我們要作粗略的介紹了，請抓住上表的印象唷～

向量

聯立方程式

青沼同學！馬上就碰到懷念的名詞了！
你還記得什麼是聯立方程式嗎？

$$3x + y = 5$$
$$-x + 2y = -4$$

聯立方程式！真的很懷念…
好像從國中就開始解問題…

盡是些不好的回憶

如果能解開聯立方程式，就能求出 X 和 Y 等等「不知道的數」。

而要求得這「不知道的數」－未知數，就不能沒有聯立方程式！

電流 I   電阻 R   電壓 V

例如，在工程數學當中，電流 I、電壓 V、電阻 R 的數值就是未知數，

現在我們用聯立方程式就可以把它們求出來囉～！

太美妙啦～!!

平常心，平常心…！

40

〜 三角函數

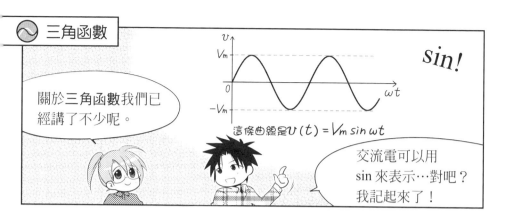

這條曲線是 $v(t) = V_m \sin \omega t$

sin!

關於三角函數我們已經講了不少呢。

交流電可以用 sin 來表示…對吧？我記起來了！

暫時只要知道這個就 OK 了！那我們接著來講向量吧！

向量…這我倒是知道一些。

〜 向量與相位

記得是…使用向量的話，就能表示出「大小（量）」和「方向」。

就用像右邊的箭頭表示…

是呀！只表示大小的叫純量，除了大小還表示方向的就稱為向量。

不錯呀，青沼同學。

哈哈哈…

若以文字來表示向量，就會是這樣。

$$\vec{a}, \dot{A}, A$$

向量 $\vec{a}$　A（終點）

0（起點）　$|\vec{a}|$

向量的大小要以「絕對值」表示唷。

絕對值 $|\vec{a}|$

運用向量，電的世界就變得簡單易懂。

首先就來說說旋轉向量吧。

旋轉向量？

來吧！請看這張圖。

若我們將向量放在 x y 平面上，以原點 O 為中心讓向量旋轉，會變怎樣呢？

嗯…

向量旋轉，也就表示…向量所指向的終點也在移動…

終點

攤開

有沒有覺得在哪看過？

的確…啊！！

這和摩天輪…以單位圓來討論 sin 的情況一樣嘛！

也就是圓周運動！

答對了！

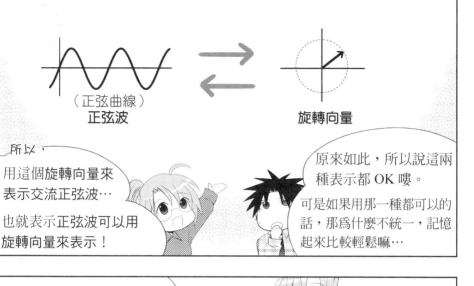

（正弦曲線）

正弦波　　　　　　　　　　　旋轉向量

所以，

用這個旋轉向量來表示交流正弦波…

也就表示正弦波可以用旋轉向量來表示！

原來如此，所以說這兩種表示都 OK 嘍。

可是如果用那一種都可以的話，那為什麼不統一，記憶起來比較輕鬆嘛…

當然不是沒事設定成兩種的。

將交流正弦波看作旋轉向量，會產生很多好處。

投影機？

請看這個！

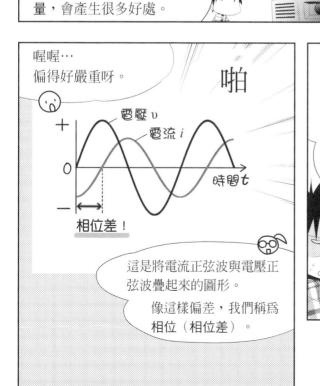

喔喔…

偏得好嚴重呀。

啪

電壓 v

電流 i

$+$

0

時間 t

$-$

相位差！

這是將電流正弦波與電壓正弦波疊起來的圖形。

像這樣偏差，我們稱為相位（相位差）。

在交流電的波形中，電流與電壓會產生這種偏差…也就是相位，而這種相位差還有很多情況。

我們必須對這種有相位，又有許多不同極值的多條正弦波作一番解析。

嗚哇…這真是麻煩耶～…

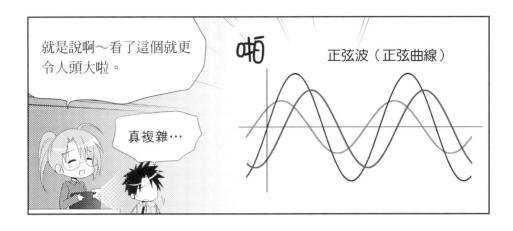

就是說啊～看了這個就更令人頭大啦。

真複雜…

正弦波（正弦曲線）

不過若是把它轉換成旋轉向量…

喀嚓

喔喔！變得好簡潔喔！

對吧？
轉換成向量後，只要**查出向量之間的角度**，很容易就知道相位了。

旋轉向量

CHECK！
向量的「大小」等於電流或電壓的「極值」。

所以，記住將交流電轉換成向量的技巧，會讓我們輕鬆許多喔。

這可不能忘記…！

向量還有其他重要的使用方法，這就以後再提囉！

虛數 i 是想像的數

啊,青沼同學,

6F 研討室

人們常說,愛是
虛幻的…

淒涼

怎麼突然說這個…

接下來我們就要講
和愛一樣虛幻的虛
數 i。

虛數 i

$i^2 = -1$

$i = \sqrt{-1}$

虛數的定義是「平方起來
等於負 1」的數字。

…平方等於負 1
…?

有點難想像
對吧～?

這個 i 就是取自 imaginary number
的第一個字母,意思就是「想像中
的數字」。

以後我會再好好說明「虛數如
何產生」,現在你只要知道有
這個東西存在就好。

Imaginary

嗯…
我知道了。

※有關虛數的部份,會在第 4 章詳細說明。

認識複數

那麼在介紹虛數 i 以後，我們就要講到「複數」嘍。

青沼同學聽過複數這個名詞嗎？

複數啊…第一次聽到。

是嗎…那請你好好聽唭。

這故事有點悲慘。

啥…

呼…

悲慘…！？

如同我剛剛說過的，虛數是虛幻…想像的數字。

相對於虛數，實際存在的數字，我們稱為實數。

（※實數的部份請參閱 P.54）

虛數
實數

複數就是將想像的數字——虛數，與實際存在的數字——實數，這兩種合在一起。

我們就利用虛數 i 寫出 $a+bi$ 這樣形式的數字吧。

複數

$$a+bi$$

寫

實數　虛數

a、b 可以代入 2、5、7、9…等實數，

這就是複數。

人生包含了甜蜜的幻想與艱苦的現實…這就是複數所教導我們的道理呀…

這這這這…

在此要特別注意到虛數的部份。

雖然在數學上是將虛數定義為 i，但是在**電的世界**裡，i 已經是用來表示交流電了呀。

妳這麼一說的確是耶…！

所以在電的世界，虛數單位不是 i，而變成 j 啦！

也就是說在電的世界裡，愛不是夢幻嘍！

身份成謎的夢幻 J…！
感覺好帥啊…！

因此，剛剛的數字就不是寫成 $a + bi$ 而是寫成 $a + jb$。

a 的部份是複數的「實部」，b 的部份是複數的「虛部」。

j 之所以擺在前面，是因為在複雜算式中會比較方便。在電的世界裡，複數就請記為 $a + jb$ 吧。

$$a + jb$$

實部(Re)　　虛部(Im)

實部是 Re，虛部是 Im…咦？

虛部因為是虛數，取 Imaginary 的 Im…

那實部的 Re，該不會就是來自 Real（現實）…？

答對了！青沼同學在向量部分反應都一直很快耶～

Imaginary
Real

哎呀，沒有那回事啦

其實向量與複數有很密切的關係。

就結論來說，複數能夠用向量的方式表示。

接著我們就試著用向量來表示複數 $a + jb$ 吧！

試著畫出複數向量吧

準備好了嗎？
現在開始來將複數 $a+jb$ 畫成向量囉！

STEP 1	將 $a+jb$ 寫成數學式

首先我們暫時假設一個 z，將式子寫成 $z = a+jb$。

嗯嗯，因為這式子包含了實數與虛數，所以當然就是**複數**囉。

STEP 2	畫出複數平面（高斯平面），找出點的位置

為了改以向量來表示複數，必定要轉換成**複數平面**。複數平面意指橫軸為**實軸**（實數軸）、縱軸為**虛軸**（虛數軸）的 xy 平面。總之，橫軸變成 Re（實部）、縱軸變成 Im（虛部）。

哇…！
這麼一來，$a + jb$ 中「a 與 b 的數值」，就能分別標示在軸上了耶。

正是如此！也就是說，我們能夠把複數想成是複數平面上的一點（**a, b**）。

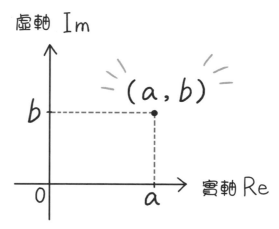

接下來，請從原點O畫出指向一點的向量吧！
這就是「複數向量」，請看！

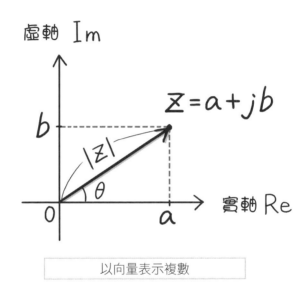

以向量表示複數

 喔喔喔——！真的可以用向量來表示耶。
從這個向量圖來看，就能很清楚瞭解角度（方向）與大小。

 這個向量直接對應了 $z = a + jb$ ！
請好好記住這張圖的意義唷。

複數與向量的關係

所以呢，我們能夠根據複數畫出向量。

把前面所學到的東西都拿來應用的話，好像還滿有用的耶～

也就是說，複數可以用向量來表示！
反過來說，複數就是向量的數學式表現！
可以這樣說吧？

沒錯，說得好！

當然向量也能旋轉，成為旋轉向量喔。

整理一下目前為止談過的內容如下～！

單一名詞記憶起來很困難，但若是瞭解它們相互的關係，就好記得多了。

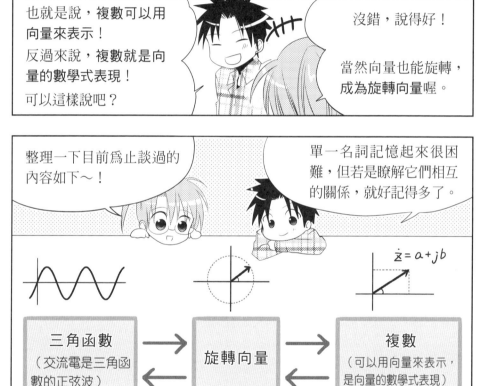

三角函數
（交流電是三角函數的正弦波）

旋轉向量

複數
（可以用向量來表示，是向量的數學式表現）

$\dot{z} = a + jb$

交流電可以用複數來計算！

先前妳說過，工程數學是利用數學這種工具，來「更深入瞭解電」的學問，

向量或複數也是這樣的工具嗎？

就是呀～交流電正是因爲使用向量和複數，才變得如此好懂又便於計算。

原本必須進行相當困難的微分與積分，計算微分方程式，現在都可以避免了，變得相當簡單呢。

喔！…

複數

微分方程式

若要從中選一條路走…那還是輕鬆一點好啊～

呵呵，就是這麼回事。

啊…糟糕，關門時間過了！

咦！？

對不起，這裡沒有電扶梯…！

沒辦法選擇道路，真是傷腦筋啊…！

就要被趕出去不快點出去啦～

呼～…

時間拖太久，真是辛苦你了！

不會啦…
沒關係…

怎麼啦？

該不會講得太難懂吧？

是不是覺得不想再聽我講解了？

不…
不是這回事啦…

還是你覺得我很奇怪？還是想跟我說其實今天妳拉鍊一直都沒拉？這的確很難啟齒…

才、才不是啦！沒事啦！

驚慌

失措

不是啦…
只是…

明明人家這麼用心教我，又那麼替我著想，

我卻不知道該怎麼道謝，真是太糟糕了…

我就是因為老是這樣…才沒朋友啊…

嘖…真的很不會跟人交往…

喉…

啊啊！

找來找去

什麼…

我講了那麼多還是忘了重要的東西…對不起！

重要的東西…！？

就是田川電力的吉祥物玩偶

嗙

嗙

小電！！！

請你照顧他！

…知道了。

看來她真的是做事風格非常獨特的人。

如果和這樣的人在一起…會不會比較懂得與人往來呢…？

…對了，剛剛說名字是…

小電啦！！！

～數的分類。實數是什麼？～

前面在學到虛數的時候，出現了相對於虛數的「實數」。

虛數是想像的數，實數則相反，是現實存在的數字。

但是你知道實際存在的數字，包括了哪些東西嗎？

將所有數字的分類整理起來，就是下面的表格。

複數

$a + bi$ 形式的數字（在電的世界裡是 $a + jb$）

　※ a 與 b 是實數
　※ i 是虛數單位

實數

有理數★		無理數	純虛數
整數 ・正整數 ・0 ・負整數	不是整數的有理數 ・如 0.3 這樣的有限小數 ・如 0.333…這樣的循環小數	・如同 π 或 $\sqrt{2}$ 這樣不循環的無限小數	・像 bi 這種類型的數 ※ b 為非 0 的實數

★ 能夠表現為 $\dfrac{q}{p}$ 這種形式的數，稱為有理數（※ p 為非 0 的整數，q 為整數）。整數屬於一種有理數。

引用自　高橋信著《世界第一簡單線性代數》　世茂出版

在數學裡，**實數**是「無理數和有理數的總合」。

而混合了實數與虛數的數字，稱為**複數**。

現在我們知道數字有很多種類囉～

第 2 章

用方程式‧不等式解電路問題
〈直流電路篇〉

1 解題前要具備的知識

還是來了…

唉～

今天是第二次上課…

雖然說很感激她肯教我，但還是好緊張啊…

1F 入口

說起來還不知她為什麼會找上我呢，

你看你看～學了那麼多東西，付我學費

請款

嗚啊啊啊啊啊

該不會是新的詐騙手法吧……？

讓你久等了～

驚

青沼同學久等啦！

不會…

噗通 噗通

沒關係…
沒有等很久。

這樣啊，
太好了～

嘩 嘩

那我們趕快開始吧。

首先來複習昨天的內容！

緊張

咚咚

複習…！？

啊…好、好。

這隻可愛的吉祥物娃娃，

到底叫什麼名字呢？

咚

怎麼了，青沼同學！

你該不會…忘記了…！？

不是啦…

對喔…她就是這樣的人…！

克希荷夫第一定律

我們趕緊開始講課，今天要教兩條非常重要的定律。

要講兩個嗎？

我對背定律很不擅長啊…

沒問題啦，青沼同學，這兩條定律都非常簡單～

放輕鬆，我們來想像一下～

請看著這張照片，想像一條小河的淺灘…

是…

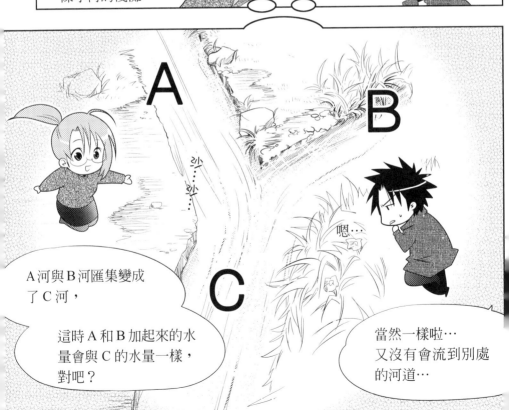

A河與B河匯集變成了C河，

這時A和B加起來的水量會與C的水量一樣，對吧？

嗯…

當然一樣啦…又沒有會流到別處的河道…

58

是呀～也就是說「流進的水量」與「流出的水量」一樣…

因此即使不知道其中某一個的數值，我們還是可以求出來。

？？

啊啊…原來如此，的確是這樣。

就像這樣。

不過這是小學生程度的計算吧…

會不會太簡單啦？

悟…

所以我就說很簡單吧？

這就是定律之一：「克希荷夫第一定律」。

這個克希荷夫第一定律，也可稱為「電流守恆定律」。

以式子表示是像這樣喔～

那麼簡單，還真是大爆冷門…

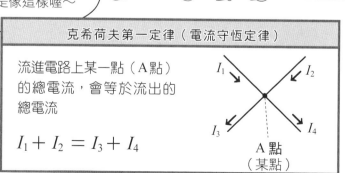

克希荷夫第一定律（電流守恆定律）

流進電路上某一點（A點）的總電流，會等於流出的總電流

$$I_1 + I_2 = I_3 + I_4$$

A 點（某點）

〰 什麼是電壓降？

 對了，這裡有個地方要稍微請你注意一下。

關於電壓，目前為止我們都是以電壓 V 來作說明，但之後我們要區分為「電源電壓 E」和「電壓降 V」。

 雖然出現了陌生的 E，反正還是指電壓吧，瞭解！

…但是，那個「電壓降」是什麼？第一次聽到。

 首先請看這張圖，我們來用水解釋電壓降吧。

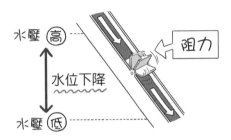

為了讓水車轉動，必須有水位差（＝電壓）。

在水車轉動的前方與後方，水位會出現變化。

 啊，該不會電的世界也是像這樣，電壓會變化吧？在電阻前面的電壓較高，到達電阻後面時電壓變低…

 答對了！畫成圖就會像這樣～

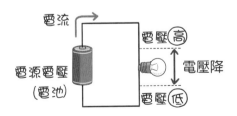

 嗯嗯，所以說，當電流流向電阻，電阻前後會產生電壓降嘍！

依據歐姆定律（參閱P.22），電壓降V可由$V=RI$求得。電壓降＝電阻×電流。

所以說，設電源電壓爲E、電壓降爲V，我們可以畫出這樣的電路圖：

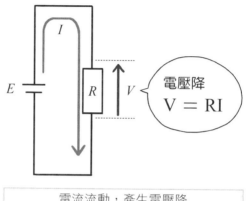

電流流動，產生電壓降

嗯嗯嗯…？等、等一下。
電壓降的箭頭爲什麼和電流反向呢？

因爲電壓的箭頭是從低電壓處畫向高電壓處。

由於通過電阻後，電壓比較低，電壓降自然就與電流反方向。這個重點請一定要好好記住唷～

原來如此啊，我懂了。

克希荷夫第二定律

既然有第一定律，當然也有第二定律啦。

剛剛講的是「電流守恆定律」，你猜這次是什麼呢？

電流之後…是電壓嗎？

電流和電壓從昨天就常常一起出現呢。

電流 還有我
電壓 還有我

答對了青沼同學！

克希荷夫第二定律就是「電壓守恆定律」唷。

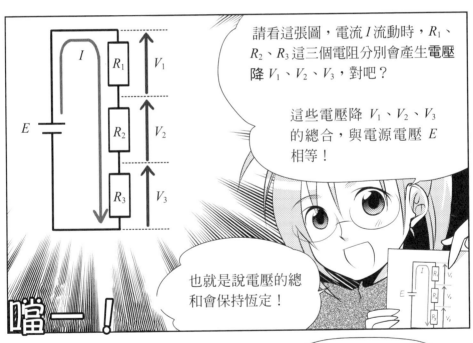

請看這張圖，電流 I 流動時，R_1、R_2、R_3 這三個電阻分別會產生電壓降 V_1、V_2、V_3，對吧？

這些電壓降 V_1、V_2、V_3 的總合，與電源電壓 E 相等！

也就是說電壓的總和會保持恆定！

噹—！

$$V_1 + V_2 + V_3 = E \ [V]$$

寫成式子就是這樣。

很有電壓保持恆定的感覺，是不是呀青沼同學！

對啦！在這狀況下，不能保證流量從開始到最後都沒有變化呀。

如果水流到最後會變少，公式中的 I 就不能帶入相同的數字，這條法則也就…

啊啊！

青沼同學，這沒有影響唷。

剛剛的克希荷夫第一定律告訴我們「水不會在中途消失」對吧？

是啦…可是…

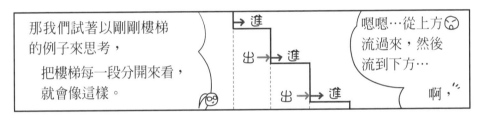

那我們試著以剛剛樓梯的例子來思考，

把樓梯每一段分開來看，就會像這樣。

進
出→進
出→進

嗯嗯…從上方流過來，然後流到下方…

啊，

原來…這是電流守恆定律嘛。

因為水不會中途消失，所以水在各階都會以相同流量流過。

就是這麼回事！

這也就證明了這個式子裡的電流 I 都具有相同的數字嘍。

不好意思

那麼我們來重新整理一下克希荷夫第二定律吧。

克希荷夫第二定律（電壓守恆定律）

對於封閉電路而言，「電壓降的總和」與「電源電壓的總和」相等

$$E = V_1 + V_2 + V_3$$

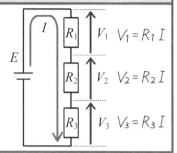

$V_1 \quad V_1 = R_1 I$

$V_2 \quad V_2 = R_2 I$

$V_3 \quad V_3 = R_3 I$

解題時會常常用上克希荷夫定律和歐姆定律，

（歐姆定律請參閱 P.22）

要好好記下來喔—！

嗯嗯…我已經仔仔細細了解過了，不會忘啦。

這樣克希荷夫定律可沒問題了！

呃

還沒有結束唭！

!!!?

啊，不是啦，教是教完了…但有些補充…

…接下來要說的，是能夠徹底發揮這個定律的秘訣…

那就是「克希荷夫定律是總和為零的定律」…！

我想講的…我想講的就是這個…之前我就一直在想是不是該說了…！

嗚嗚嗚嗚嗚

是…是這樣嗎……！

克希荷夫第一定律，總和為零的定律！

 我們趕快來講解「總和為零的定律」吧。
首先來談第一定律。這部份的說明很簡單唷～

$I_1 + I_2 = I_3 + I_4$　　　若是將這算式的右邊移到等號左邊…

$I_1 + I_2 - I_3 - I_4 = 0$　　會變成這樣。

 啊！真的變成零了。

 也就是說，若是用「電路上某一點（**A 點**），其流入流出的電流總和必為零」來思考，解題起來就方便多了。
要特別注意正號和負號唷～

· 流入 A 點的 I_1、I_2
　　是用加號（＋）

· 從 A 點流出的 I_3、I_4
　　是用減號（－）

$$I_1 + I_2 - I_3 - I_4 = 0$$

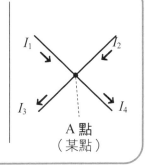

A 點
（某點）

 青沼：原來如此，所以要好好搞清楚電流的流動方向囉。
感覺起來，「**總和為零！**」這句話好帥喔。

 是啊…怎麼講完了，突然覺得好空虛…

 （怎麼會突然鬱悶起來…！）

轉換一下心情，接著我們來說第二定律。

前面我曾說過，對於封閉電路而言，「電壓降的總和」與「電源電壓的總和」相等。

…但是，請想一下。

如果封閉電路裡沒有包含電源電壓，該怎麼辦？

咦？我都沒想過這種情況耶…

比方說下面的電路圖，最多可以找出七條封閉電路。

但是，當中卻有三條封閉電路沒有和電源電壓連結…

這時該怎麼辦呢？

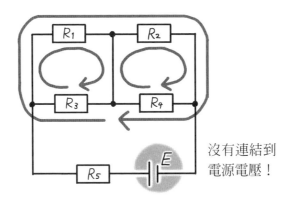

沒有連結到
電源電壓！

…啊，放棄？

噗～！猜錯嘍。其實這種情形也是可以適用第二定律。

「對於封閉電路而言，電壓降的總和為零」是成立的。

嗯…？這也會變零嗎？

是的！但這裡正號與負號的標記也很重要。

至於該怎麼寫這兩種符號，接下來我們就要說明囉～

首先請仔細看「**圖a　電流的方向**」。如果電流像這樣流動…電壓降 V 就自然就是如「**圖b　電壓降的方向**」了。

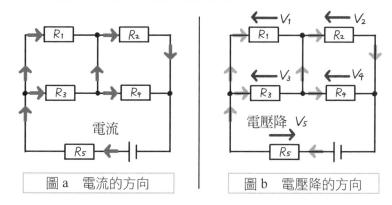

圖 a　電流的方向 ｜ 圖 b　電壓降的方向

是。電流和電壓降的關係前面有學過。（參照 P.61）

接著請注意這個電壓降 V 的箭頭，還有剛剛的封閉電路。
沿著封閉電路，思考一下，有沒有發現什麼呢？

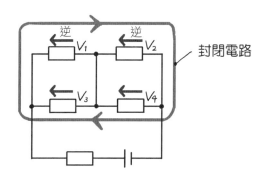

啊，上面兩個電壓降 V_1，V_2 和封閉電路的箭頭方向**相反**耶！

是呀，這時只要將它們加上**負號**就好了。
換句話說我們就得到：
$$-V_1 - V_2 + V_3 + V_4 = 0$$
也可寫成
$$+V_1 + V_2 - V_3 - V_4 = 0 \quad \text{一樣成立。}$$

哇，還滿神奇的呢…

回過頭來說，在有電源電壓時，總和為零的定律就是成立的。
我們以箭頭表示電源電壓E來想想看。

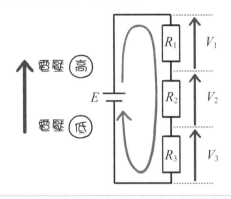

電源電壓、電壓降、封閉電路的箭頭表示

沿著封閉電路來看，就能得到
$$-V_1 - V_2 - V_3 + E = 0，瞭解嗎？$$

此外，封閉電路的方向若相反，就會變成
$$+V_1 + V_2 + V_3 - E = 0$$

啊啊！這不就是一開始學到的第二定律公式
$$V_1 + V_2 + V_3 = E$$
只是把它的E移到左邊而已嘛！

正是如此。其實前面我們所講過的東西，全部都是很理所當然的～
但如果不先理解過這些道理，實際解題時會有點迷惑。

嗯嗯，我懂了！
克希荷夫定律換個說法，就是**總和為零的定律**！
第二定律是即使封閉電路沒有電源電壓，也還是能適用的定律。

〰 合成電阻

要解工程數學的問題，請你一定要會「合成電阻」。
所謂的合成電阻，是指將多個電阻組合為一個的意思。
用這種方法來解題，會相當輕鬆喔！

輕鬆…那真是太好了呀。

是呀，這套輕鬆的合成電阻計算方式，必需依據電阻連結為串聯或
並聯而定。（串聯或並聯的意義請參閱P.23）
「串聯」的合成電阻，就是像這樣加總在一起：

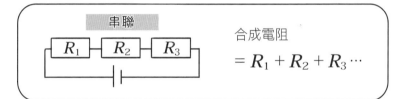

喔，真簡單。

「並聯」的合成電阻有點複雜。

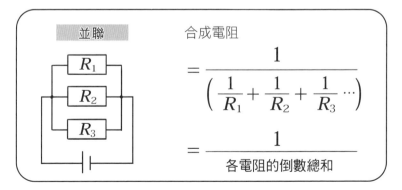

嗯，果然很複雜…

70

但是若只有**兩個電阻以並聯連接時**，有一個方便的公式可以套用。
請記住這個口訣：「和分之積」。

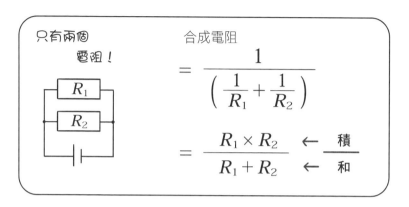

只有兩個 電阻！

合成電阻

$$= \frac{1}{\left(\dfrac{1}{R_1} + \dfrac{1}{R_2} \right)}$$

$$= \frac{R_1 \times R_2}{R_1 + R_2} \quad \begin{matrix} \leftarrow \underline{積} \\ \leftarrow 和 \end{matrix}$$

嗯嗯，所以要仔細觀察電路，應用不同的計算方法。

哪種接法？

串聯 —— 單純加總起來！

並聯 —— 電阻的數量？

兩個 —— 和分之積

三個以上 —— $\dfrac{1}{各電阻的倒數總和}$

接下來我們就要開始挑戰問題囉！

請記好歐姆定律、克希荷夫法則以及合成電阻，一起來解題吧～

嗚，不安…

 問題　將直流電源與電阻整合起來吧！

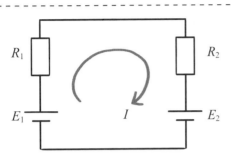

請求出上圖所示的電路流動的電流 I。
其中 $E_1 = 4.5$〔V〕、$E_2 = 1.5$〔V〕、$R_1 = 2$〔Ω〕、$R_2 = 1$〔Ω〕。

 如何思考

那我們就開始囉～！
解題時，首先要檢視電源電壓。（是直流電還是交流電）
電阻的連接方式也很重要唷。（串聯還是並聯）
雖然在這題裡的電流方向已經確定，但在有些情況會需要自己假設電流方向，依需要自行畫出封閉迴路。

嗯…？自己假設電流方向是什麼意思啊？

直流電通常都是從正極流向負極，
但交流電則常常一下往左一下往右，方向不停改變。（參閱 P.33）

無論往哪走都可以，但一開始就要決定方向。
好了，現在我們就來檢視這兩個直流電吧。
有發現什麼嗎？

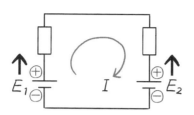

啊！E_1 的直流電和 E_2 的直流電的方向是相反的，也就是說這兩個電源會互相抵消囉…

答對了！因為與我們既定的電流方向 E_1 相反的是 E_2，因此 E_2 就要標上負號。

也就是說，$E_1 - E_2$ 是兩個直流電整合起來的結果。

原來如此…！這麼說來，電阻也能整合囉。
兩個電阻是串聯，所以合成電阻＝$R_1 + R_2$！

設為合成電阻

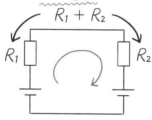

這樣我們就將直流電與電阻分別整合為一個了。
然後在此運用**克希荷夫第二定律**的話…
就變成電源電壓（$E_1 - E_2$）＝電阻（$R_1 + R_2$）× 電流 I。

再來只要整理**方程式**，再代入數字，就能解開問題了。
為了讓你熟悉工程數學解題的「思考方式」，最後我們也來試著代入數字吧～

 **解答**

在這個電路套用克希荷夫第二定律，可得出

$$E_1 - E_2 - R_1 I - R_2 I = 0$$

在此要求出的數字（未知數）是電流 I，因此要先整合同類項，

$$E_1 - E_2 - (R_1 + R_2)I = 0$$

$$-(R_1 + R_2)I = -E_1 + E_2$$

接著兩邊同除 $-(R_1 + R_2)$，變成

$$I = \frac{E_1 - E_2}{R_1 + R_2}$$

分別將個別數值代入這個式子，變成如下：

$$I = \frac{E_1 - E_2}{R_1 + R_2} = \frac{4.5 - 1.5}{2 + 1} = 1 \text{ A}$$

歐姆定律

也就是説，只要把這組電路整合為一個直流電源與一個電阻的組合，就變得很簡單了！

沒錯！
為了求出電流 I 而將方程式整理過後，自然就會出現歐姆定律的形式了呢。

 **數學例題** 回想一下方程式的解題方法吧

我們要解 $5x + 7 = 7x + 3$。

【解題方法】

首先，將帶有 x（此為未知數）的項移至左邊，沒帶 x 的項（常數項）移至右邊。

$5x - 7x = 3 - 7$

接著整理出

$-2x = -4$

將兩邊同除以 -2，得出

$x = 2$

這就是答案。

雖然本例題中 x 的係數（乘以 x 的數）一開始就是整數，但若是碰上 x 的係數含有分數或小數時，記得要在等式兩邊同乘以適當的數字，讓係數變成整數唷。

這樣就不容易出現錯誤，能夠很快解出問題。

第一次解出問題耶…

有點

陶醉…

像這次所解的「計算電路、電流或電壓」問題，我們稱為電路分析唷。

你做得很棒～

2 運用聯立方程式的直流電路問題

聯立方程式與行列式

翻開

要求得未知數，就不能不用到聯立方程式。

是喔—

啊…又要為了這玩意兒傷腦筋了嗎…

看都不想看。

$$\begin{cases} 3x + y = 5 \\ -x + 2y = -4 \end{cases}$$

接著我們要講到幾天前出現過的聯立方程式。

為了如此煩惱的青沼同學，今天我就教你一套解聯立方程式時相當有用的方法，

那就是將式子以矩陣的形式來表示的方法！

行列？

大排長龍…

好吃的拉麵

比方說把剛剛的式子用行列式表示…

翻頁

就變這樣囉。

$$\begin{pmatrix} 3 & 1 \\ -1 & 2 \end{pmatrix} \begin{pmatrix} x \\ y \end{pmatrix} = \begin{pmatrix} 5 \\ -4 \end{pmatrix}$$

啊～…好像在哪看過。

首先我來說明矩陣的書寫方式。
一如剛剛所說的,矩陣要寫成這樣。

$$\begin{cases} 3x + y = 5 \\ -x + 2y = -4 \end{cases}$$

$$\begin{pmatrix} 3 & 1 \\ -1 & 2 \end{pmatrix} \begin{pmatrix} x \\ y \end{pmatrix} = \begin{pmatrix} 5 \\ -4 \end{pmatrix}$$

 嗯嗯,看了就知道是怎麼對應的。

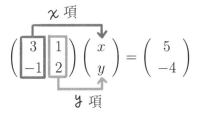

 解聯立方程式時特別重要的是「行列式」。
矩陣單單只是數字的排列順序。
行列式則請想成是便於處理矩陣用的式子。

 啊—只要能好好運用行列式,就能解開聯立方程式嘍。

 沒錯沒錯!就是這樣。
用行列式解聯立方程式的方法,我們稱作行列法/矩陣法。
能讓計算變得非常快速唷～

 喔～!那我們就來學好行列式和矩陣吧。

 那麼我以下方的兩個式子來說明囉。

這兩個式子裡，x 與 y 是未知數。

其他代號請看作已知數，也就是我們已經知道的數值。

$$\begin{cases} a_1 x + b_1 y = d_1 \\ a_2 x + b_2 y = d_2 \end{cases}$$

$$x, y \rightarrow 未知數$$
$$a_1, a_2, b_1, b_2, d_1, d_2 \rightarrow 已知數$$

嗯嗯，以 $3x + 1y = 5$ 為例，x 和 y 就是未知數。

其他的 3、1、5 就都是已知數。

 接著以矩陣形式表示這兩個式子，就變成這樣。

注意！
$$\begin{pmatrix} a_1 & b_1 \\ a_2 & b_2 \end{pmatrix} \begin{pmatrix} x \\ y \end{pmatrix} = \begin{pmatrix} d_1 \\ d_2 \end{pmatrix}$$

要注意最左邊的部份。

我們要以這部份為基礎，來寫出行列式！也就是下面這樣！請看～

$$\Delta = \begin{vmatrix} a_1 & b_1 \\ a_2 & b_2 \end{vmatrix}$$

行列式

 等等等，等一下！我不是很懂耶。

那個三角形是什麼？為什麼括弧變直線？

x 和 y、d_1 和 d_2 跑到哪裡去啦～？

呼呼，三角形叫作△（Delta），是表示行列式的符號。

微分和積分也有用到Delta符號，但和行列式完全沒關係。

（※行列式的英文是determinant，所以有時會用「det」或「D」來表示行列式）

請你把括弧變成的直線當成行列式的符號。

至於x和y消失的部份，回想一下矩陣的規則就知道為什麼了。

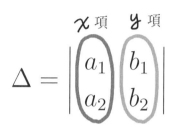

上式配置中，哪些是x項，哪些是y項，是很清楚的。

所以就不用特地把xy寫出來囉。

原來如此，但是還沒解決 d_1 和 d_2 消失的部份啊！

這可是大案子啊！

別緊張～

因為 d_1 和 d_2…**後面都還是會用到唷～**

這，這理由還真是簡單啊……

總而言之，行列式就是用△來表示。

然後在解**二元聯立方程式**時，運用行列式△、行列式△x 以及行列式△y 就可以推導出答案。

（※△x 代表△的x項。同樣地，△y 代表△的 y 項。）

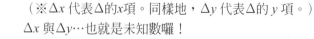
△x 與△y…也就是未知數囉！

解「**三元聯立方程式**」時，還會多一個行列式△z。另外，△= 0 的聯立方程式是沒辦法解的。

「**二元聯立方程式**」與「**三元聯立方程式**」的計算過程是不同的。

接下來就來說明計算方法吧！

用行列式解二元聯立方程式

接著來解「二元聯立方程式」吧。

爲了讓你容易理解，我準備了一個表格。

d_1 和 d_2 前面沒有未知數 x 和 y。

這樣的項我們稱爲「常數項」。

$$\begin{cases} a_1 x + b_1 y = d_1 & \cdots \ (1) \\ a_2 x + b_2 y = d_2 & \cdots \ (2) \end{cases}$$

寫成表格

	x項	y項	常數項
(1) 式	a_1	b_1	d_1
(2) 式	a_2	b_2	d_2

我想想，從 x 項與 y 項來看，行列式會是這樣吧，

$$\Delta = \begin{vmatrix} a_1 & b_1 \\ a_2 & b_2 \end{vmatrix}$$

我們這就進入計算的步驟囉。口訣是「交叉相乘」，

記法是「（往右下乘的乘積）－（往右上乘的乘積）」唷。

咦…？

交叉相乘是不是什麼武功招式的名稱…？

不不，這裡你要想像的是，像打叉叉那樣交叉

在一起的圖案啦。

就像和服將袖子綁起來的布條那樣。

其實計算行列式時，就是以這種交叉相乘方式進行。
我們首先來試著求出行列式Δ吧！

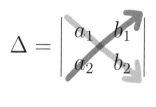

$$\Delta = \begin{vmatrix} a_1 & b_1 \\ a_2 & b_2 \end{vmatrix} \begin{matrix} \text{相乘，正負號為} - \\ \\ \text{相乘，正負號為} + \end{matrix}$$

$$= a_1b_2 - a_2b_1$$

啊，這就是「（往右下乘的乘積）－（往右上乘的乘積）」耶！

那麼，接下來就要求出行列式Δx與行列式Δy嘍！
要求Δx時，就將「常數項」代入「x項」，
要求Δy時，就將「常數項」代入「y項」。

常數項就是 d_1 與 d_2 吧！
妳剛才說過啊。

請仔～細看清楚 d_1 與 d_2 的變化唷！
要求Δx 時，就將「常數項」代入「x 項」。

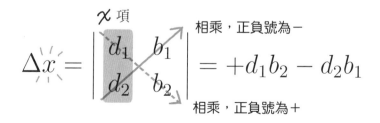

$$\Delta x = \begin{vmatrix} d_1 & b_1 \\ d_2 & b_2 \end{vmatrix} = +d_1b_2 - d_2b_1$$

x 項

相乘，正負號為－

相乘，正負號為＋

喔，x 項被常數項佔領了耶！

是的。同樣地，要求Δy時，就將「常數項」代入「y項」。

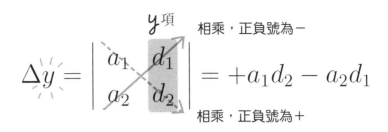

$$\Delta y = \begin{vmatrix} a_1 & d_1 \\ a_2 & d_2 \end{vmatrix} = +a_1 d_2 - a_2 d_1$$

y項

相乘，正負號為$-$

相乘，正負號為$+$

這樣就能夠求出Δ、Δx與Δy了。
若要求出未知數x與y，再來該怎麼做呢？

喔喔，到這裡我就懂了！
Δx與Δy除以Δ，就會得到x與y。

$$x = \frac{\Delta x}{\Delta} = \frac{d_1 b_2 - d_2 b_1}{a_1 b_2 - a_2 b_1} \quad \Delta x \text{ 除以} \Delta \text{！}$$

$$y = \frac{\Delta y}{\Delta} = \frac{a_1 d_2 - a_2 d_1}{a_1 b_2 - a_2 b_1} \quad \Delta y \text{ 除以} \Delta \text{！}$$

沒錯。這樣就得出x與y的數值了！
我們用行列式解出二元聯立方程式了～。

哇－原來如此…！不過，這樣計算真的有變比較快嗎？

因為目前我們是一步一步慢慢講解解題方法，所以多花了些時間。
一旦你解習慣了，很快就能找出答案囉。
這裡準備了一些習題，你趕緊來試著解解看吧～

咦咦咦咦咦！

$$\begin{cases} 3x + y = 5 \\ -x + 2y = -4 \end{cases}$$

【解法】

$$\begin{pmatrix} 3 & 1 \\ -1 & 2 \end{pmatrix} \begin{pmatrix} x \\ y \end{pmatrix} = \begin{pmatrix} 5 \\ -4 \end{pmatrix}$$

△ delta   常數項

寫成這樣，我們就可以利用行列式才有辦法表現的特性。

x 項

$$x = \frac{\begin{vmatrix} 5 & 1 \\ -4 & 2 \end{vmatrix}}{\begin{vmatrix} 3 & 1 \\ -1 & 2 \end{vmatrix}} = \frac{5 \times 2 - 1 \times (-4)}{3 \times 2 - 1 \times (-1)} = \frac{10 + 4}{6 + 1} = \frac{14}{7} = 2$$

分別進行「（往右下乘的乘積）－
（往右上乘的乘積）」的計算

y 項

$$y = \frac{\begin{vmatrix} 3 & 5 \\ -1 & -4 \end{vmatrix}}{\begin{vmatrix} 3 & 1 \\ -1 & 2 \end{vmatrix}} = \frac{3 \times (-4) - 5 \times (-1)}{3 \times 2 - 1 \times (-1)} = \frac{-12 + 5}{6 + 1} = \frac{-7}{7} = -1$$

最後得出 $x = 2$, $y = -1$ 的答案。

哇～！熟了以後真的很方便耶…！

用行列式解三元聯立方程式

碰到有三個未知數的「三元聯立方程式」，基本上思考方式也是一樣。

不過呢，嗯…乍看之下有點囉嗦…。

嗚…有那麼麻煩嗎？？

沒有啦，懂得方法後就很簡單唷！真的真的！

剛剛二元聯立方程式的行列式，是像這樣計算的。

$$\Delta = \begin{vmatrix} a_1 & b_1 \\ a_2 & b_2 \end{vmatrix} = a_1 b_2 - a_2 b_1$$

正號 ① ② 負號

三元聯立方程式的行列式裡，未知數增加為三個，計算就變這樣！

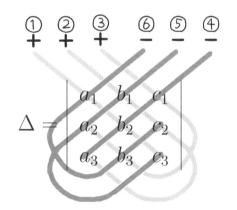

$$\Delta = \begin{vmatrix} a_1 & b_1 & c_1 \\ a_2 & b_2 & c_2 \\ a_3 & b_3 & c_3 \end{vmatrix}$$

① ② ③ ⑥ ⑤ ④

一樣是「（往右下乘的乘積）－（往右上乘的乘積）」交叉相乘的圖案。習慣以後計算起來會很輕鬆，不過剛開始會讓人有點困惑。

與其說困惑……不如說我快昏倒了…。
這什麼東西呀，超級交叉相乘？

冷靜冷靜，別這麼說，實際來解解看吧！

思考方式和二元聯立方程式一樣，請試著將這個式子寫成行列式。

$$\begin{cases} a_1x + b_1y + c_1z = d_1 \cdots （1） \\ a_2x + b_2y + c_2z = d_2 \cdots （2） \\ a_3x + b_3y + c_3z = d_3 \cdots （3） \end{cases}$$

	x 項	y 項	z 項	常數項
（1）項	a_1	b_1	c_1	d_1
（2）項	a_2	b_2	c_2	d_2
（3）項	a_3	b_3	c_3	d_3

嗯，觀察 x 項、y 項和 z 項⋯所以寫成這樣。

$$\Delta = \begin{vmatrix} a_1 & b_1 & c_1 \\ a_2 & b_2 & c_2 \\ a_3 & b_3 & c_3 \end{vmatrix}$$

就是這樣！接著照剛才交叉相乘的方式來計算行列式吧。

來來來，青沼同學請寫～

嗚嗚嗚，這個嘛——⋯⋯⋯⋯是這樣吧！

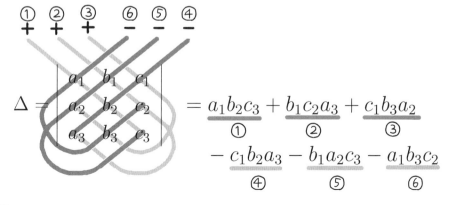

OK了！你已經懂得如何計算了嘛。接下來的計算順序和二元聯立方程式相同。

除了行列式Δ，還要求出行列式Δx、行列式Δy 和行列式Δz。

要求Δx 時，就將「常數項」代入「x項」，

要求Δy 時，就將「常數項」代入「y項」，

要求Δz 時，就將「常數項」代入「z 項」對吧！

$$\Delta = \begin{vmatrix} a_1 & b_1 & c_1 \\ a_2 & b_2 & c_2 \\ a_3 & b_3 & c_3 \end{vmatrix} \qquad \overset{\text{x 項}}{\Delta x = \begin{vmatrix} d_1 & b_1 & c_1 \\ d_2 & b_2 & c_2 \\ d_3 & b_3 & c_3 \end{vmatrix}}$$

$$\overset{\text{y 項}}{\Delta y = \begin{vmatrix} a_1 & d_1 & c_1 \\ a_2 & d_2 & c_2 \\ a_3 & d_3 & c_3 \end{vmatrix}} \qquad \overset{\text{z 項}}{\Delta z = \begin{vmatrix} a_1 & b_1 & d_1 \\ a_2 & b_2 & d_2 \\ a_3 & b_3 & d_3 \end{vmatrix}}$$

是的，然後將每一個都超級交叉相乘來計算…

接著再將Δx、Δy 和Δz 分別除以Δ，於是就變成 x、y和z。

就知道全部的未知數了！

嗯嗯！就是這樣。

之後碰到工程數學的問題，就可以試著用行列法來解三元聯立方程式嘍～

…啊，對了，有件事忘了講，這個超級交叉相乘的正式名詞叫作「**薩魯斯（Sarrus）法**」。

原、原來這有個正式的名稱啊，該早點講啊。

沒有啦，因為我還滿喜歡你取的暱稱…

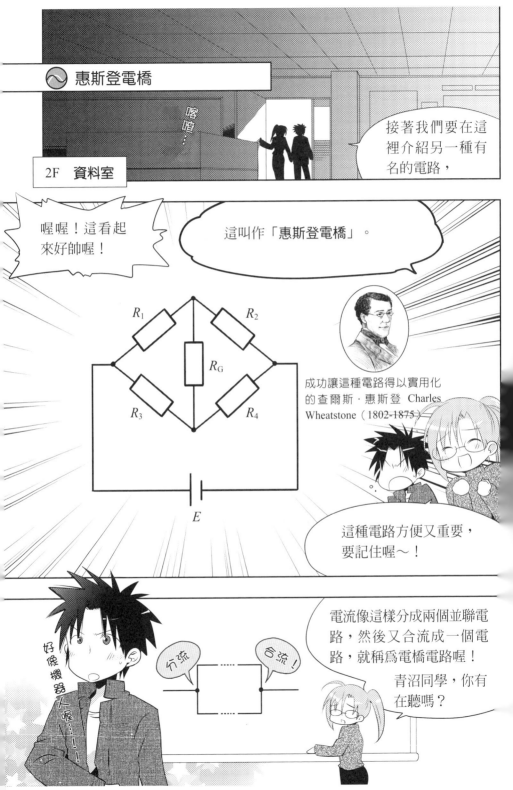

中間的 R_G 是什麼意思啊…

怎麼現在才跑出一個 G…？

啊，

那個是指這個啦！這叫作檢流計！

檢流計的英文原名叫 galvanometer，G 是它的字首。

啊—！這在理化課的實驗有看過！

檢流計在電路符號圖上也是標記 G 喔。

※在此為了往後計算方便，我們都以電阻 R_G 代表檢流計。

G

原來就是把這放在電路中心啊…！

哼嗯哼嗯…Galvanometer…那這種電路有什麼方便之處呢？

呼呼呼…這個電路的特徵可不是三言兩語就講得完唷。

所以，我們現在就來解解看惠斯登電橋的問題吧！Let's Go！

要有所理解，直接實踐是最好的了，

哇～～

碰上這個敵人好像毫無勝算啊！

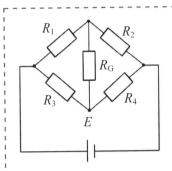

請求出這個惠斯登電橋的平衡條件。

平衡條件指的是使流向中間
檢流計（也就是電阻 R_G）的
電流為 0 的條件。

 如何思考

首先我們要瞭解敵人～只要能找出讓流向中間點 R_G 電流為 0
的條件，就達到這問題的目的囉。
在此我們先來整理一下「電路的解法」吧。
檢查電源電壓（直流還是交流）和連接方式（串聯還是並
聯），然後…

【STEP 1】設定電流方向。
【STEP 2】找出電路中有幾個封閉迴路。
【STEP 3】沿著各個封閉迴路，套用克希荷夫定律（電流定
　　　　　律和電壓定律）。
【STEP 4】定律要能夠套用，必定會產生出多組聯立方程
　　　　　式，解出這些方程式。

很多問題都可以用這種方式解答出來。
所以我們一起來找出這組電路裡的封閉迴路，然後寫下來吧！

…嗯，找出封閉迴路是否有什麼訣竅？

請仔細閱讀問題，想清楚它所要求的是什麼。
就現在這題來說，要找的一定是包含 R_G 的封閉迴路，
而且這次的問題是要求出條件，所以 R_1、R_2、R_3、R_4、E 等所有的元素都要能囊括在封閉迴路當中。

嗯，那，這樣如何呢？
迴路①⋯直流電源 E～電阻 R_1～電阻 R_2～直流電源 E
迴路②⋯直流電源 E～電阻 R_3～電阻 R_4～直流電源 E
迴路③⋯電阻 R_1～電阻 R_G～電阻 R_3～電阻 R_1

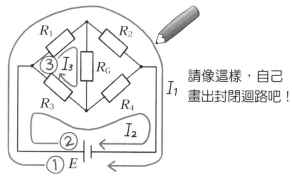

請像這樣，自己
畫出封閉迴路吧！

完全正確！接著將三個流向封閉迴路的電流，設為 I_1、I_2、I_3，然後重新檢視一次問題內容。

啊⋯！換句話說「讓流向 R_G 的電流為 0 的條件」
就是「使 $I_3 = 0$ 的條件」！

沒錯！所以我們接下來就要列出 I_3 的式子～。
將克希荷夫定律套進封閉迴路，寫出聯立方程式。
由於這邊有三個未知數 I_1、I_2、I_3⋯所以會是三元聯立方程式！
剛才學的「薩魯斯法」要登場囉～

首先在封閉迴路①套用克希荷夫第二定律，

$$電源電壓\ E\ =\ R_1(I_1 + I_3) + R_2I_1$$
$$=\ (R_1 + R_2)I_1 + R_1I_3$$

接著在封閉迴路②套用克希荷夫第二定律，

$$電源電壓\ E\ =\ R_3(I_2 - I_3) + R_4I_2$$
$$=\ (R_3 + R_4)I_2 - R_3I_3$$

最後在封閉迴路③也套用克希荷夫第二定律，

$$總和爲零！0\ =\ R_1(I_1 + I_3) + R_GI_3 + R_3(-I_2 + I_3)$$
$$=\ R_1I_1 - R_3I_2 + (R_1 + R_G + R_3)I_3$$

將這三個式子統整起來，

$$\begin{cases} E\ =\ (R_1 + R_2)I_1 & & +R_1I_3 \\ E\ =\ & (R_3 + R_4)I_2 & -R_3I_3 \\ 0\ =\ R_1I_1 & -R_3I_2 & +(R_1 + R_G + R_3)I_3 \end{cases}$$

這樣就列出 I_1、I_2、I_3 的聯立方程式了。

接著便是使用**薩魯斯法**來解開三元聯立方程式。由於現在還不熟悉這種方法，建議大家製作這種表格。

I_1 項	I_2 項	I_3 項	常數項
R_1+R_2	0	R_1	E
0	R_3+R_4	$-R_3$	E
R_1	$-R_3$	$R_1+R_G+R_3$	0

因為要求 I_3，可以寫成下列式子：

$$I_3 = \frac{\Delta I_3 \begin{vmatrix} R_1 + R_2 & 0 & E \\ 0 & R_3 + R_4 & E \\ R_1 & -R_3 & 0 \end{vmatrix}}{\Delta \begin{vmatrix} R_1 + R_2 & 0 & R_1 \\ 0 & R_3 + R_4 & -R_3 \\ R_1 & -R_3 & R_1 + R_G + R_3 \end{vmatrix}}$$

（運用三元聯立方程式矩陣的解題方法，請參照 P.85）

$$= \frac{-\{R_1(R_3 + R_4) - R_3(R_1 + R_2)\}E}{(R_1 + R_2)(R_3 + R_4)(R_1 + R_G + R_3) - R_1^2(R_3 + R_4) - R_3^2(R_1 + R_2)}$$

$$= \frac{(R_2 R_3 - R_1 R_4)E}{(R_1 + R_2)\{(R_3 + R_4)(R_1 + R_G + R_3) - R_3^2\} - R_1^2(R_3 + R_4)}$$

要讓 $I_3 = 0$，只要讓上面式子的分子 $(R_2 R_3 - R_1 R_4)E = 0$ 成立即可。

電源電壓若等於 0，這問題就無解。

但是由於 $E \neq 0$　所以　$R_1 R_4 - R_2 R_3 = 0$

由此可知 $R_1 R_4 = R_2 R_3$

終於解決了－！
解決了但我也累了…不，應該説…雖然好累但總算解決了…

呼呼呼，辛苦囉！
那麼我要來説明這邊導出的 $R_1 R_4 = R_2 R_3$，在惠斯登電橋會有些什麼用處囉！

惠斯登電橋的平衡條件

 解決問題後我們得出 $R_1 R_4 = R_2 R_3$ 這個公式呢。
這個公式一般是得死背，能這樣證明出來真是令人開心。

 嗯，那個～結果這個電路到底是有什麼方便之處呢？

 呼呼，不懂嗎？這個公式成立的話…
我們只要知道 R_1、R_2、R_3、R_4 其中三個的數值，剩下那一個就不是問題了。

將包含未知電阻的四個電阻依這方式配置，中間點的電流調整為零，就能夠正確測得未知的電阻數值了！
真是太棒了～！！

 ……呃，我還是有很多疑問耶…
為了讓電流變零，還要這樣小心翼翼地調整，很麻煩耶。
這樣真的很方便嗎？沒有其他測量電阻的方法嗎？

 嗯嗯，的確有種叫三用電錶的器材，可以很快測得電阻值。

可以快速從指針的刻度或數字知道電阻值。

但是用惠斯登電橋電路來測量，比起用三用電錶測量還精準許多喔。

 什麼！有這種事？

94

電錶的測量方式稱爲「偏位法」，電橋電路的測量方式則是「零位法」。

零位法是比偏位法精準度更高的量測法。

可以這麼比喻，**偏位法是磅秤，零位法是天平**。

迅速！輕鬆！

磅秤

需要費點工夫，但精準度高。

天平

啊！這麼一提，剛剛的電橋電路正像個天平呢。

若完全取得平衡，中間點爲零。

就是這麼回事，整理如下～

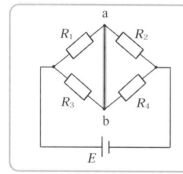

$R_1 R_4 = R_2 R_3$

成立時，a 點與 b 點之間沒有電壓差
= a-b 之間沒有電流流動
=電流與電壓的數值爲 0
=平衡

「平衡」這個詞，原本就是「相互抵銷，狀態不改變」的意思。

喔，原來如此，所以說這種電路就是**扮演天平的角色，精準度高的測量電路**，我大概瞭解它爲什麼方便了！

是吧？這眞是非常棒的電路呢。

惠斯登電橋的平衡條件是很常出現的問題。

請好好記住它的特徵喔！

3 不等式的問題

 ## 不等式的性質

 最後我們來談談不等式。
青沼同學看過不等式吧？

 這～當然有啦。

 為了確定你已經瞭解，我們來複習一下喔。
不等式是用來表示兩個數字或公式的大小關係，大略來說有下面幾種，

- $a < b$　　a比b小
- $a > b$　　a比b大
- $a \leqq b$　　a不大於b（有可能等於b）
- $a \geqq b$　　a不小於b（有可能等於b）

這邊$<$、$>$、$\leqq$、$\geqq$的符號，我們稱作「不等號」。

 嗯嗯，這些我知道。

 那麼該怎麼計算呢？還記得嗎？
關於不等式有以下**三種性質**：

1 不等式的兩邊加或減「同樣的數」，不等號的方向
都不會變。

$a < b$ 時　$a + c < b + c$，$a - c < b - c$

2 不等式的兩邊同乘或除「**正數**」，不等號的方向都
不會變。

$a < b$、$c > 0$ 時　$ac < bc$，$\dfrac{a}{c} < \dfrac{b}{c}$

3 不等式的兩邊同乘或除「**負數**」，不等號的方向會
變相反。

$a < b$、$c < 0$ 時　$ac > bc$，$\dfrac{a}{c} > \dfrac{b}{c}$

 雖然有部份忘記，現在想起來了。
簡單簡單啦！這種程度輕輕鬆鬆。

 …這樣輕敵的話，很容易出錯喔～

 嗚！

 只要別粗心大意，就能好好解開不等式的問題。
如「100 以上 150 以下」、「未滿 100」這種條件，不等式能夠**表示
出範圍**，因此在工程數學的問題中常常出現喔。

工程數學的問題，只要看到「**表示…的範圍**」，就要聯想到「啊～
這要用不等式回答～」。
沒錯，就是這意思！！

 問問題時間到了嗎？

有一條額定電流 10〔A〕的保險絲，若電源電壓為 100〔V〕，請寫出作為負載電阻的適當大小範圍。

 如何思考

首先來介紹專有名詞。**額定**是指「制定的額度」，所以額定電流 10A 的保險絲是——

意思是「電流最大極限為 10A，超過的話保險絲就會斷掉」。

沒錯！此外，**負載電阻／負載阻抗**是只產生電阻的裝置。比方說當負載為電燈泡時，在產生光的同時也產生電阻…但是負載電阻只單純產生電阻而已。

呃…所以它沒什麼用處嗎…？

不不！那正是負載電阻的任務唷～它刻意產生電阻來抑制電流的大小，可以用在**調整電流大小**或是實驗上面喔。

啊，就是歐姆定律吧。電阻變大，電流就會變小！只要負載電阻的大小超過一定程度，保險絲就不會燒斷。

如果產生電流 10〔A〕保險絲就會斷，表示電流必須保持在 10〔A〕以下，因此：

$$I = \frac{E}{R}$$

$$\frac{E}{R} < 10 \text{ A}$$

我們要求的是能夠滿足這個不等式的電阻 R 的範圍。不等式兩邊同乘以 R，可得

$$E < 10R$$

代入 $E = 100$，將未知數 R 改寫到左邊，

$$10R > 100$$

於是變成

$$R > 10 \ \Omega$$

可知電阻數值必需比 10〔Ω〕還大。

電的小知識—保險絲（fuse）

相信很多人知道，
保險絲是防止意外發生的元件。

當電流超過額定值時，保險絲會自己壞掉，
以保護電路，防止過熱或燃燒。

出現「保險絲燒掉」「保險絲斷掉」這種情形
時，其實是保險絲裡面的金屬線熔化或是斷了。

一次不等式

解完保險絲的問題，接下來是一次不等式的問題。

關於「次數」這名詞，請看下面的簡述：

次數是什麼

x … x為1次
x^2 … x為2次
x^3 … x為3次
x的指數稱為次數

・負的次數
$$x^{-1} = \frac{1}{x}$$
$$x^{-2} = \frac{1}{x^2}$$

・分數次方
$$x^{\frac{1}{2}} = \sqrt{x}$$

 嗯嗯，剛剛的未知數R的確是一次。

…這不就表示，像未知數為R^2這種二次的困難問題遲早會出現囉？

 呼呼呼，敬請期待啦。

那麼最後再確認一次不等式需要注意的地方，來做個總結吧～

$$ax + b > cx + d$$

要解這項不等式時，將 x 項統整到左邊，常數項到右邊。

$$(a - c)x > d - b$$

然後兩邊再同除以 $a-c$，可得

$$x > \frac{d - b}{a - c} \quad (a - c > 0 \text{ 時}) \cdots \quad \textbf{正數}$$

$$x < \frac{d - b}{a - c} \quad (a - c < 0 \text{ 時}) \cdots \quad \textbf{負數}$$

所以不等式的方向是取決於 a 和 c 的大小。

CHECK！ 任何數都不能除以 0，因此在以上情況當中，
（$a - c$）$\neq 0$。

 重點在**除數是正或負**呢。

太好了，我記住了。

呼…冬天的太陽真快下山，天色已經那麼暗了。

…今天真是謝謝妳了。

麻煩妳這麼多天…明明妳是在休假…

不會啦～
我不是說沒關係了嗎——

…終於道謝了！

有進步！

握拳

可是耶誕節一過，街上馬上變得非常安靜呢。

是，是呀…耶誕燈飾也撤了。

雖說街道的氣氛變得很冷清…但令人感覺到年底了。

…說真的，我不太適應耶誕節前整條街熱鬧的情況，

所以現在的氣氛就讓我鬆了口氣。

啊！不過我還是很喜歡像燈飾之類美麗的東西唷。

我熱愛的電那樣閃耀著…真是讓人感動滿點啊。

啊……

也許第一次見到她時我就發現了…

真的能夠自己一個人就不能…耶誕燈節嗎？

她…跟我有一樣的個性呢。

什麼嘛，原來都是「同伴」呢。

我懂我懂，那種耶誕節結束，終於鬆一口氣的感覺。

你也懂嗎？

走在街道上盡是幸福的伴侶！害我好難過啊！

對…對啊，真是的！害我都開始覺得不好意思了！

…不知為何，

討厭的耶誕節啊！

混蛋～！

新年快來吧！我要吃麻糬！

好像感覺輕鬆不少……

第 **3** 章

三角函數與向量

對不起

我遲到…

發生什麼事了!?

愁雲慘霧

今日休

啊…休館啦？

畢竟都快過年了…

沒辦法…

今日休館

明天請

對不起…我完完全全忘記了…

沒沒沒沒關係啦！根本不要緊啦！

啜泣…

嗯…不過還是得找個地方去…

嗯！

這…現在是該提出到我家的時機嗎？這算是常識嗎？

可是才認識沒幾天就約到家裡，會不會很沒禮貌啊？

噗通 噗通 噗通

找間家庭餐廳應該比較好吧？

啊啊啊不過現在是年尾，如果人太多又很麻煩…

緊張

心跳加速

好吧！

既然這樣我們就在公園用功吧！

咻————

咻————

俗話說有志者事竟成，思考和電有關的東西就會暖和了，

那那那我們ㄎㄎㄎ開始吧吧吧…

咻————

哇啊啊啊…

來吧！

咻

1　處理交流電需具備的基本知識

麻煩的交流電

拉圍巾

做好防寒措施了，那我們就進入正題吧。

我們上次解的問題都是直流電對吧！

啊

是。

HOT COFFEE

有了直流，當然就有交流。

因此今天我們就來談談交流電！

直流

＋　－

交流！

交流電的電路符號是圓圈中有個「波形」

交流電啊…

聽妳這麼一講，
記得剛開始也有提過，

交流電很麻煩…之類的。

？

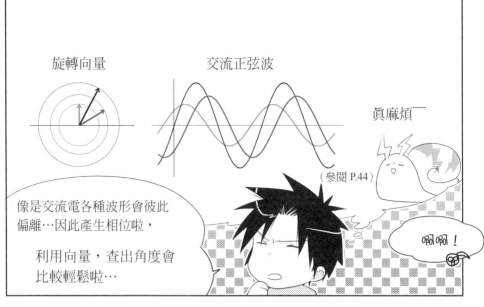

旋轉向量　　　　　交流正弦波

真麻煩

（參閱 P.44）

OBOI OBOI！

像是交流電各種波形會彼此偏離…因此產生相位啦，

利用向量，查出角度會比較輕鬆啦…

你記得真清楚耶！
沒錯沒錯就是這樣！

青沼同學很厲害耶！

沒、沒有啦…

哇

哇

嘻
嘻

嘻

嘻

搖頭

搖頭

嗯，正如青沼同學所說的，交流電是個麻煩的東西。

既然你對此已經有所覺悟，我就可以講快一點了！

首先就來講解代表相位的向量吧！

表示相位的向量

首先，請你回憶一下我們講過的sin和cos的圖表（參閱P.31）。
從波形可判斷，這兩個圖表的形狀一樣，只是偏移了90°。
我們這次要注意的是圓周運動。

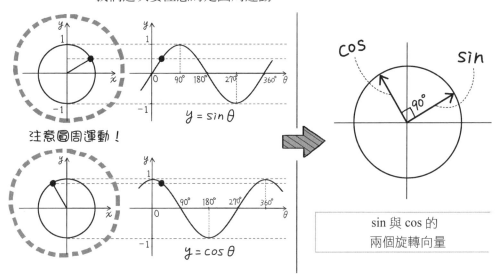

$y = \sin \theta$

注意圓周運動！

$y = \cos \theta$

sin 與 cos 的
兩個旋轉向量

我們就將之前黑色纜車為例的圓周運動，直接畫成旋轉向量吧。
將sin與cos的兩個旋轉向量放在同一個圓上比較，結果是…？

啊，「兩個向量間的角度」一直都保持90°。
這個向量間的90°角，就是波形圖表上偏離的90°吧！

沒錯。如果以某個向量為基準，畫出「靜止向量」，就能更清楚看
到向量間的角度，更容易理解。

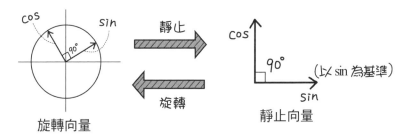

108

波形的偏離，也就是相位，要從向量間的角度得知。
我們稱向量間的角度為「相位角」。

相位角本身就是相位的差。要知道相位，就得看相位角，是這意思吧！

這邊請注意，向量一定是往左轉（逆時針旋轉）。
也就是說，由於這裡的cos比sin多前進了90°。
我們可以說是「cos的相位超前了90°」。

嗯嗯，我一直只想到有所偏離而已。
原來誰超前，誰落後，也很重要呢。

就是呀～。
誰超前誰落後，從波形是很難判斷的，還是向量比較方便。
另外，因為向量的長度與正弦波的最大值相對應，向量愈長，最大值就愈大。
舉個例子，來看看這組電壓和電流的旋轉向量吧。

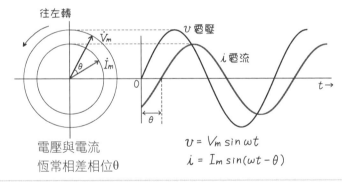

兩個旋轉向量出現相位差，最大值也會有差異

原來啊，這樣看旋轉向量讓我聯想到時鐘的長短針，不過性質完全不同呢。
向量一定是逆時針旋轉。時鐘的長短針會隨著時間改變角度，但兩個向量間的角度則會一直保持固定…

沒錯！旋轉向量與時鐘的指針完全不一樣～請好好記住喔。

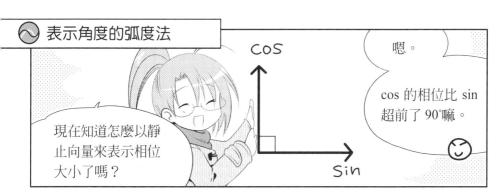

現在知道怎麼以靜止向量來表示相位大小了嗎？

嗯。

cos 的相位比 sin 超前了 90°嘛。

沒錯，但是我們還能用其他的方式來表示這個 90°，

我們稱這方式為「弧度法」。弧度法是學習交流電時，不可或缺的方式唷。

寫寫

弧度法…？

簡單來說，就是以 0°到 360°來表示圓周長度的方法喔。

弧度法

〔rad〕（radian）

單位是〔rad〕（radian）！

比方說，90°以弧度法表示就是 π/2。

在電的世界裡，經常會出現「相位超前 π/2」這種說法。

$= \dfrac{\pi}{2}$

寫

表示角度的弧度法…
角度……

……？？

就像這樣～

π 就是圓周率
對吧？

為什麼表示角度
會出現 π 呢？

呼呼…接下來我們
會仔細講解…

現在要先講它！

喔！OMEGA！

噹 噹

暖呼呼…

這個 ω 的單位和
〔rad/sec〕有關唷。

現在就由此開始
完整的說明一遍吧！

弧度法

使用交流電時，經常會用「弧度法」表示角度。
一定要先熟悉它唷～
（※弧度法又稱徑度法）

呃。我是很想熟悉啦，可是不懂真面目，讓我就是覺得不對勁。
為什麼表現角度的數字會出現 π…？π 明明就是圓周率啊…

請先看下圖。
這是半徑 $r=1$ 的單位圓。求出這個圓的圓周公式是 $2\pi r$。
你還記得嗎，求圓周的公式小學時就已經出現過了。

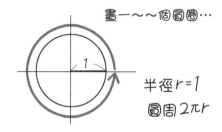

公式是忘記了啦…
不過妳講的我知道。

接著請想想 $2\pi r$ 的一半，也就是 πr 的情形，畫成圖如下…

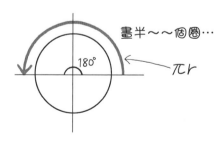

就變成 180°了，啊，這是半徑 $r=1$ 的單位圓，
$r=1$，所以將 1 代入 πr，馬上就得到 π！

對！這就是弧度法的表示方式。

單位爲〔rad〕，整理成表格如下：

弧度〔rad〕	$\frac{\pi}{6}$	$\frac{\pi}{4}$	$\frac{\pi}{3}$	$\frac{\pi}{2}$	π	2π
角度〔°〕	30	45	60	90	180	360

角度與弧度的關係

喔喔，原來如此！這就是角度與弧度的關係。

知道 $180°=\pi$，其他的只要經過計算就能導出呢。

…不過，爲什麼要特別使用弧度法呢？

用非～常簡單的話來說，就是「用數學式表示、計算時很方便！」

若不用弧度法，會使公式變得不必要的複雜。

舉個簡單的例子，扇形的「弧長」公式就很適合用弧度法唷。

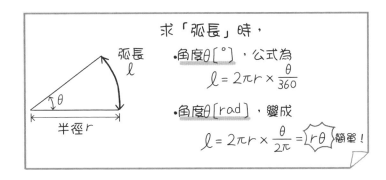

求「弧長」時，

- 角度θ〔°〕，公式為
$$\ell = 2\pi r \times \frac{\theta}{360}$$

- 角度θ〔rad〕，變成
$$\ell = 2\pi r \times \frac{\theta}{2\pi} = r\theta \quad 簡單！$$

而且弧度法與工程數學裡重要的三角函數的微分積分公式也有關係。

因此弧度法是計算時相當方便的方法。

喔喔～公式當然簡單比較好，計算會變得很簡單。

看來弧度法不記好就虧大囉。

沒錯。這些都是前人累積的智慧，我們好好利用吧！

ω是角速度也是角頻率

 還記得我們一開始提過的ω（omega）嗎？

 記得啊，我回想一下，這長得像貓嘴的ω稱作「**角速度**」，也就是表示正在進行圓周運動的點，一秒內前進的角度。

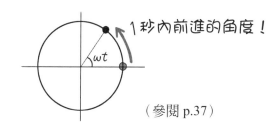

（參閱 p.37）

因此角速度ω乘以時間 t 〔s（秒）〕，就能求得角度。
我記得 ωt＝角度θ。

 就是這樣～補充一下，請記住 ω 的單位是〔$rad／s$（弧度每秒）〕。
所以 ω 就是一秒內前進了多少弧度的值。

 啊—〔rad〕就是剛剛學的弧度法！
所以「前進多少弧度」＝「前進了多少角度」的意思。

 是的，這邊有個很重要的公式，請你一定記住！

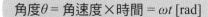

$$\text{角度}\theta = \text{角速度} \times \text{時間} = \omega t \, [rad]$$

 嗯嗯，因為 ω 的單位是〔$rad／s$〕，所以ωt的單位就是〔rad〕嘍。

 接下來我們開始要來教新的東西囉～
其實這個 ω 是「**角速度**」，又稱為「**角頻率**」。
你還記得「頻率」是什麼嗎？

「**頻率**」是表示 1 秒內反覆來回周期的數字,符號是 f,單位是 Hz（赫茲）…對吧?

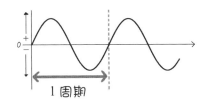

沒錯～另外,**1 周期**指的就是順著圓轉一圈的意思。

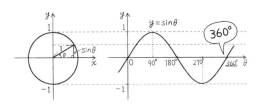

嗯嗯…所以,**角頻率（角速度）**ω 越大,順著圓轉動一圈的速度越快,**頻率** f 也就越大!

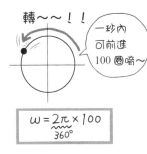

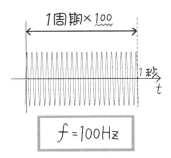

答對囉!將角頻率（角速度）ω 與頻率 f 的關係寫成式子如下。
這邊的 2π是以弧度法表示繞圓一圈 360°的意思唷～

角頻率（角速度）$\omega = 2\pi f$〔rad〕

哇～ ω 和 f 的關係竟然這麼簡單就表示出來了。
我已經完全理解**角速度**和**角頻率**這兩個名詞的意思了。

2 將向量應用於交流電

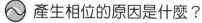

產生相位的原因是什麼？

目前爲止，我們都是把相位視爲既定的現象在說明，

但是到底相位一開始究竟是如何發生的呢？

啊…對耶，是怎麼發生的呢？

產生相位的原因，簡單一句話！就是因爲他們！

線圈和電容！

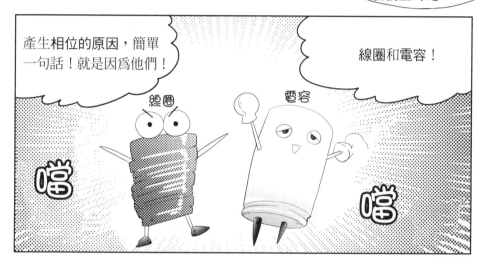

線圈

電容

嗡

嗡

另外，這個像燈泡的是電阻。

這些是組成電路的零件，我們稱爲「元件（device）」。

這是我做的喔！

元件…嗎…

怎麼跑出一堆有的沒的～…

這是電阻、線圈、電容的符號和單位，

要確～實記下來喔！

元件	符號	單位	備註
電阻	R	〔Ω〕（歐姆）	R出自「Resistance」
線圈	L	〔H〕（亨利）	L出自「COIL」
電容	C	〔F〕（法拉）	C出自「Condenser」

嗚喔喔…一口氣要記三種…

嗡一

這裡可不是讓你抱怨的時候喔，青沼同學！

再怎麼說，線圈和電容是引起相位的犯人呀！

要解開交流電的問題，不好好掌握這些元件的特徵可不行，

搜集線索吧！

我是警察！！

警…警察？

相位的犯人是線圈和電容！另外我也一併調查了電阻！

這是資料！長官請過目！

……

我變成長官啦……！

〰 線圈的特徵

 首先是調查線圈先生的報告，經過我地毯式的調查，瞭解了很多事情唷。

 還做身分調查啊…

 馬達裡有裝線圈，因應電流變化而產生**電動勢（電源電壓）**。線圈「**最喜歡狀況出現變化**」了！
當電流流動時，線圈就會產生**逆電動勢**。
換句話說，就是產生出與原本電流方向相反的新電流唷～！

 這樣啊…！線圈居然是個精力充沛的傢伙啊。

 沒錯，線圈這個特質就是產生**相位**的原因，請看這個圖表：

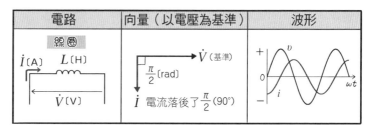

有了線圈，「電流」就會變慢。

 用非～常簡單的方式解釋，是因為線圈產生了逆向的電流，使原本的電流變得不易流動，所以就變慢了～
這種狀態，我們稱為**電流 i 對於電壓 v 產生「落後相位」**。

另外有個表示線圈特性的專有名詞，稱為「電感（inductance）」。
（※英語coil也可稱為inductor，字尾tance請參照P.122）

電感愈大，線圈的特性※就愈強，相反地，電感愈小，線圈的特性就愈弱。
（※線圈除了會產生磁束現象，還具有各種特性）

電感的符號是 L，單位是 H（亨利）。

啊啊，剛剛有提過線圈的符號是 L，單位是 H，表示這個電感的大小囉。

沒錯，另外還有一個非～常重要的用語，也請記住吧。
就是表示交流電流動困難程度的「電抗（reactance）」！
（※請把電抗與「反應」reaction做聯想記憶，請參照P.122）

電抗就是交流電中的「電阻」。
電抗符號是 X，單位和電阻一樣都使用 Ω（歐姆）。

線圈和電容在直流電中都沒有反應…
但是，在交流電經過時，會突然產生電抗 X 這樣的阻抗。
線圈和電容這兩個傢伙，看起來一副穩重的模樣，卻這麼厲害！

呃…的確，若電阻增加，計算就會變複雜呢…

是啊。不過這邊有個條件你得知道，其實電抗 X〔Ω〕也和電阻 R〔Ω〕一樣，適用於歐姆定律！

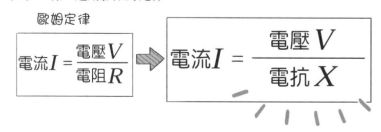

歐姆定律

$$電流 I = \frac{電壓 V}{電阻 R} \Rightarrow 電流 I = \frac{電壓 V}{電抗 X}$$

喔～！這麼一來，就和歐姆定律一樣，三個變數只要知道其中兩個，就可算出另外一個囉。

對，因此請記住接下來要談的電抗公式喔！

記住這些公式是解決這個問題…不，是解決案件的捷徑。

首先，線圈的電抗，我們稱爲「電感電抗」。

寫成式子如下：

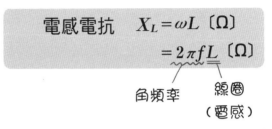

$$電感電抗 \quad X_L = \omega L \ (\Omega)$$
$$= 2\pi f L \ (\Omega)$$

角頻率　　　線圈
　　　　　　（電感）

※角頻率（角速度）$\omega = 2\pi f$，相關內容請參照 P.115）

在電抗符號 X 加上線圈或電感的 L，電感電抗的符號就變成 X_L。

哇…。

青沼同學，你可不能這樣就看呆了呀！

這公式裡還隱藏著一個重點，就是線圈的電抗－也就是電感電抗，**與頻率呈正比**。

啊，的確是成正比關係耶。

所以說，頻率愈大，電抗也就愈大…

嗯？這，聽起來好像很合理…

呼呼，與電容比較看看就可以明白。

總結來說，電容的電抗**與頻率成反比**。

原來是這樣啊。

一個成正比一個成反比，特徵完全相反呢。

沒錯，請把線圈和電容的差異記住吧。

那麼接著要來談另一位犯人——電容囉！

電容的特徵

 接著是與電容有關的調查報告。
簡單來說，電容能夠積蓄電力，也就是能夠充電。

 那，這個特性也是造成相位的原因嗎？

 沒錯～！請看這個表：

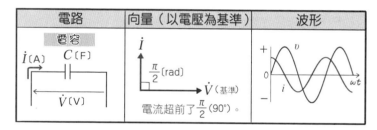

有了電容，「電壓」反而會落後。

可以想成電壓隨著電容的充電，緩緩地上升，因為較花時間而落後。

這種狀態，我們稱爲電流 i 對於電壓 v 產生「領先相位」。

表示線圈特徵的專有名詞是「電感（inductance）」。

表示電容特徵的專有名詞是「capacitance ※（＝靜電容量、電容量）」

（※英語電容condenser也可稱爲capacitor）

這是表示積存電力的量值。

啊，像是容納人數這種與容量有關的，都有個「容」字嘛…
譬如演唱會現場可容納幾百人之類的，不過我是沒去過啦…

我也沒去過…呵呵呵…
別管那個了！重點是，這個靜電容量的符號是C，單位是F（法拉）。

嗯嗯，所以這個電容在交流電經過時也會產生**電抗X**的電阻囉。

沒錯～還真猜不透線圈和電容心裡在想什麼！
因此，請你也好好記住這現象。
電容的電抗是「容抗（**capacitive reactance**）」，公式如下～！

$$\text{容抗} \quad X_C = \frac{1}{\omega C} = \frac{1}{2\pi f C} \ [\Omega]$$

角頻率　電容（靜電容量）

在電抗 X 的符號加上線圈或電感的 C。
容抗的符號就變成 X_C 了。
真的跟剛剛教的一樣，與頻率成反比呢。

你完全說對犯人的特徵，最後我們來講電阻吧。

····· check！···

字尾為「**-tance**」的英文字，
是以數值來表現某種性質的詞。

「inductance」是 inductor（英語 coil 的別名）＋ tance
「capacitance」是 capacitor（英語 condenser 的別名）＋ tance
「reactance」是 reaction（反作用）＋ tance

當流經的是交流電，線圈和電容會產生反作用，因此「流動變困難」。
以數值來表示「流動變困難」，就是電抗（**reactance**）。

 電阻的特徵

電阻在交流電中，性質和在直流電中一樣，沒有改變。
電阻以 R〔Ω〕表示，和相位沒有關係。

言行一致呢，眞是個好傢伙…

是呀，請看這裡：

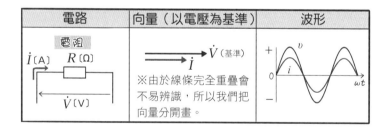

電路	向量（以電壓為基準）	波形
電阻 i〔A〕 R〔Ω〕 $\dot{V}$〔V〕	$\dot{V}$（基準） i ※由於線條完全重疊會不易辨識，所以我們把向量分開畫。	

電阻的特徵就是沒有相位——也就是「同相」！
你只要記住這個就OK了。

好——這樣就完全瞭解三種元件的特徵了。

造成相位的犯人，線圈和電容…還有與相位無關的電阻…
我們不能忽略這三個人。
他們可是工程數學中的黑名單啊～！

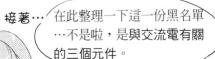

與交流電有關的元件

接著… 在此整理一下這一份黑名單…不是啦，是與交流電有關的三個元件。

把目前為止所講過的想一想，很容易就能記住了耶。

電路	向量（以電壓為基準）	電阻
電阻 $\dot{I}$〔A〕 R〔Ω〕 $\dot{V}$〔V〕	$\dot{I}$ ⟶ $\dot{V}$（基準） 同相	R〔Ω〕
線圈 $\dot{I}$〔A〕 L〔H〕 $\dot{V}$〔V〕	$\dot{V}$（基準） $\dfrac{\pi}{2}$〔rad〕 $\dot{I}$ 電流落後了 $\dfrac{\pi}{2}$（90°）	**電抗** 電感電抗 $X_L = \omega L$ $= 2\pi f L$〔Ω〕
電容 $\dot{I}$〔A〕 C〔F〕 $\dot{V}$〔V〕	$\dot{I}$ $\dfrac{\pi}{2}$〔rad〕 $\dot{V}$（基準） 電流領先了 $\dfrac{\pi}{2}$（90°）	容抗 $X_C = \dfrac{1}{\omega C}$ $= \dfrac{1}{2\pi f C}$〔Ω〕

〰 阻抗是什麼？

另外請記住這些元件的總稱：「阻抗」喔。
阻抗的記號是 Z。

Z 聽起來好像很厲害…好像很難。

別擔心，阻抗的真面目非常單純。
阻抗其實就是電阻和電抗合起來的統稱〜。

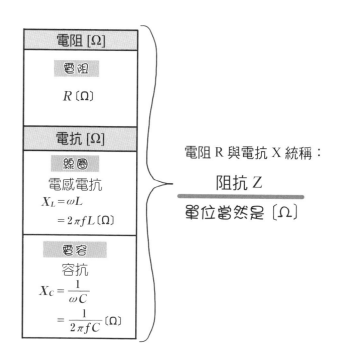

什、什麼嘛，真的很簡單耶。
也就是說，阻抗 Z 就是交流電路中，電阻的統稱嘛。

沒錯，平常要我們「求出阻抗 Z」的問題也不少唷。
敬請期待〜！

接下來我要來談一個非～常重要的知識。
前面我們已經學過與交流電有關的元件作用啦～
但是這些只是基礎，在實際的電路問題裡，這三個元件是同時幾個組合在一起出現，就像這樣！

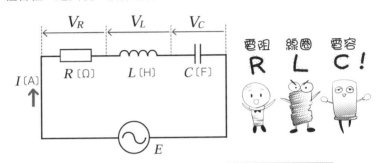

在交流電中，電源電壓 e、電流 i、電壓降 v_R v_L v_C 的英文都以小寫表示較佳。

哇！

這就是「**RLC 串聯電路**」。
正如字面所示，就是把電阻 R、線圈 L、電容 C 三者串聯在一起。
既有電源電壓E，還有三種電壓降 V，看似和克希荷夫第二定律很像（請參照 P.62）…其實不一樣喔！
因為這是交流電，不是直流電，難度完完全全不一樣。

例如要求出電源電壓E時，

$$V_R + V_L + V_C = E \text{（依據克希荷夫第二定律）}$$

若只是把公式代入數字，加在一起，是能得到正確答案的。
你知道為什麼嗎？

呃，因為這是交流電，線圈和電容一定會產生相位…
所以實際計算時，不能不把相位一併考慮進去…
所謂的相位，也就是**向量**的方向…嗯…

對，重點就在於**使用向量的方式**～
在交流電路中，只要有線圈或電容，就會出現相位。
向量的方向就會變得不一致，你看！

下圖是表示各元件分別與電壓和電流關係的向量圖
（由於在此要求的是電壓，所以是以電流為基準）

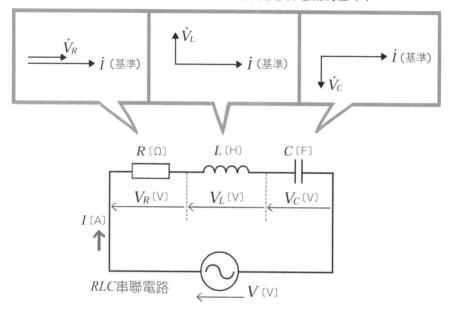

 嗯嗯，這個向量圖和以前的不一樣，是以電流為基準呢。
嗯…向量的方向都不一致，該怎麼辦呢…

 很簡單。
只要在代入數字之前，先把這些向量加在一起就可以了。

 啊，妳這麼一講，好像有所謂向量的加法嘛。
高中時好像學過「**向量和**」之類的東西…。

 是呀是呀，就是那個。
接下來，我讓你看看這三個向量加在一起的情況。
請回憶一下向量的使用方式唷。

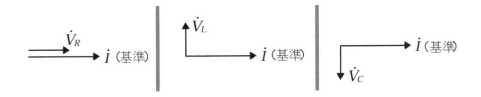

 下圖就是依照所分配的三個向量，求出的向量和。
平行移動和向量合成很重要…青沼同學，你懂嗎？

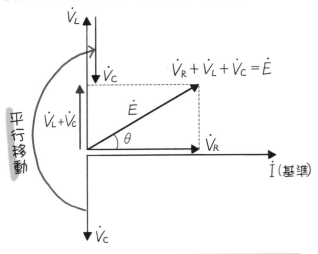

表示電壓與電流關係的向量圖

 向量我多少記得啦，還算可以，我想想…

【STEP 1】在縱軸上，方向相反的 $\dot{V}_L$ 和 $\dot{V}_C$ 要合爲一個向量，因此要將 $\dot{V}_C$ 平行移動。

【STEP 2】得到 $\dot{V}_L + \dot{V}_C$！

【STEP 3】求出 $\dot{V}_L + \dot{V}_C$ 與 $\dot{V}_R$ 兩個向量和。

【STEP 4】取平行四邊形的對角線，所以 $\dot{V}_L + \dot{V}_C + \dot{V}_R$
這樣就得出三個向量的合成…是這樣吧。

 沒錯～！向量的平行移動很重要。
而且在求向量和時，要記得活用對角線唷。

我們進行到現在，可發現這兩個公式的不同之處：

$$V_R + V_L + V_C = E$$

單純加總在一起
→ 不適用交流電！

$$\dot{V}_R + \dot{V}_L + \dot{V}_C = \dot{E}$$

以向量形式來思考
相位
→ OK!

知道了！看起來雖然很像，但其實完全不同。
差別在是否需要依據向量來考慮相位。
這是解答**交流電問題**的重點。

沒錯，所以要解交流電的問題，就不能不用向量。
另外，在解答工程數學問題時，使用**複數向量**的情形也很多。
使用複數向量，很多情況都會變得容易處理，相當方便喔！

哇…複數向量就是向量在複數平面上寫成 j 的那個嗎？
真的那麼方便啊？

呵呵呵，詳情等到複數那一節再說吧。
請青沼同學先熟練向量的運用。
不好好記起來的話～我要逮捕你唷！

（警察遊戲…還沒完啊…！）

……

（好像很不好意思…）

家電用品的功率是什麼？

唉～

線圈和電容真的是很麻煩的傢伙呢…

都是因為你們，才會出現相位，搞得什麼都囉哩叭唆的。

彈

可惡可惡

雖然計算的確麻煩又耗費心力…

但是線圈和電容在電路中，扮演很多重要的角色。

其實我們每天的生活，他們都幫了不少忙唷。

我們的生活天天都被各種家電用品圍繞著…

如果沒有他們，就會陷入困境…

什麼事都做不成…

如果沒有線圈和電容，就只剩下單純只會發光的東西※1，還有單純只會發熱的東西※2，

這樣會很不方便吧。

對耶…之前提過馬達裡也有線圈，
（參照 P.22）

用不到馬達的家電用品其實並不多…

※1 非螢光燈的電燈泡。　　　※2 僅限於無法調節溫度的東西。

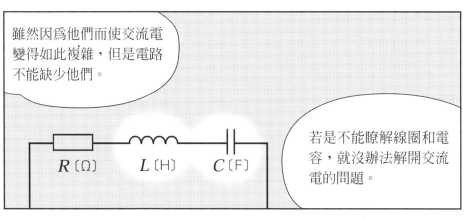

雖然因為他們而使交流電變得如此複雜，但是電路不能缺少他們。

若是不能瞭解線圈和電容，就沒辦法解開交流電的問題。

R〔Ω〕　　L〔H〕　　C〔F〕

因此他們才會是在充滿電的生活中不可或缺的角色啊…

妳這樣一講，我似乎對他們有了點親切感…也多了些感激…

而且看慣了其實還滿可愛的…

可愛？

你在說什麼啊，青沼同學

明明就小電最可愛，還有誰比他可愛嗎？

完、完全偏袒小電…！！

……

？

功率因數

那麼接著來談「電力」吧。

還記得求電力的公式是什麼呢？

電壓×電流吧（參照P.19）…嗯？

說來這還是第一次講到電力耶。

嗯嗯…

接著要談的東西，對我們電力公司來說有點恐怖…

恐、恐怖…？

緊張緊張

比方說，你在家裡用的家電用品…會用到馬達（線圈）對吧？

嗯…像是洗衣機、冰箱之類的，

都有用到啊…

那些家電…從電源接收到的電力…

其實從接收途中就有些減弱了…！！

怎…怎怎怎怎麼回事啊…！？

緊張　心跳　加速

叩叩叩…

就和字面上的意思一樣啊，

因為有「虛功率」的關係啦。

啊哈哈

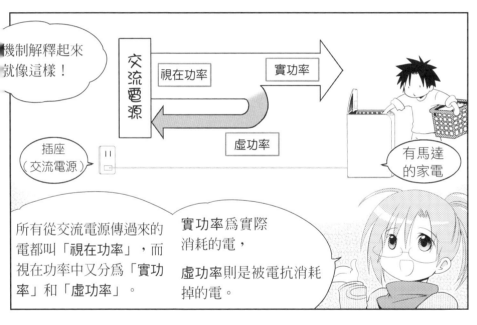

機制解釋起來就像這樣！

交流電源

視在功率

實功率

虛功率

插座（交流電源）

有馬達的家電

所有從交流電源傳過來的電都叫「視在功率」，而視在功率中又分為「實功率」和「虛功率」。

實功率為實際消耗的電，

虛功率則是被電抗消耗掉的電。

剛剛我們有說過電抗吧，也就是線圈和電容產生的電阻。

唉…

把這樣的虛功率算進電費裡，讓人心裡實在很難受…這真的是啊…產生相位的最大壞處所在…

咦？青沼同學，
真難得，

你怎麼沒有說「相位…你
這可惡的傢伙！」勒？

……

沒有啦…其實我反而覺
得虛功率的情況跟自己
很像…

？？

氣也氣不起來…

比方說人都到學校了，卻不
想上課，又走回家去了…這
行為還真是…

啊啊～原來如此，
你的比喻還滿貼切的耶。

SCHOOL

無效

回家算了…

上課嘍～

好！

有效

全部合計就是 視在功率

好好去上課的是實
功率啊！

所有電力（視在功率）裡，實際消
耗的部份（實功率），我們稱為
「功率因數」，愈高愈好唷。

所以你的比喻方式不能說不
對～其實還滿好懂～

一針見血

是、是嗎…

說中自己還真
是不好受…

打起精神來啊
青沼同學，

接下來才是最重要的！

唉——

其實實功率、虛功率
…還有視在功率之間
的關係，

來吧！

可以用青沼同學最擅長的向量圖來表示喔！

向量…？

是的，請看！

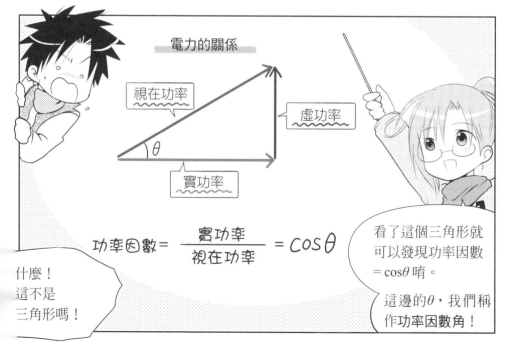

電力的關係

視在功率

虛功率

θ

實功率

$$功率因數 = \frac{實功率}{視在功率} = \cos\theta$$

什麼！
這不是
三角形嗎！

看了這個三角形就可以發現功率因數
$= \cos\theta$ 唷。

這邊的 θ，我們稱作功率因數角！

功率因數 $= \cos\theta$ 是以「0 到 1」或者「0%到 100%」表示喔～

功率因數 0.80 以上（80%以上），就稱作「功率因數良好」～

功率因數與 $\cos\theta$ 的對應關係

（這張圖表是以三角函數求出，參照 P.140）

角度θ	0°	30°	45°	60°	90°
$\cos\theta$	1	$\dfrac{\sqrt{3}}{2}$ ≒ 0.87	$\dfrac{1}{\sqrt{2}}$ ≒ 0.70	$\dfrac{1}{2}$ = 0.5	0
功率因數	1 (100%)	0.87 (87%)	0.70 (70%)	0.5 (50%)	0 (0%)

← 80%
功率因數良好

也就是說功率因數角大約在 30°以下，才稱作功率因數良好…這樣才算不浪費嗎？

喔～

是呀，這邊的重點是功率因數角和相位角的數值一樣。

所以我們也會說相位角在 30°以下，功率因數良好…

原來啊～
是這樣用向量啊～

這種情形我們稱為「功率因數改善」。

電容在功率因數改善中，扮演很重要的角色…

…不過我們先暫時不會談到電容的部份喔…

（※詳細在第 5 章 P.224 之後說明）

原來如此，向量真不錯啊！嗯嗯

136

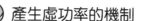

產生虛功率的機制

現在來說明爲何會因爲相位而產生虛功率吧。
請先回憶「電力＝電壓×電流」，一面來看這張圖。

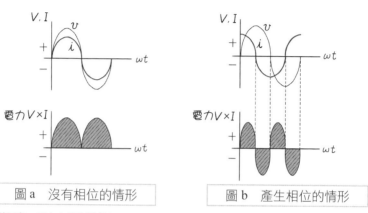

圖 a　沒有相位的情形

圖 b　產生相位的情形

引用自　電力主任技術者 http://denk.pipin.jp/jitumu/yuukoumukou.html　部份修正

圖 a 是沒有相位的情形。其中
電力（正）＝電壓（正）×電流（正），
電力（正）＝電壓（負）×電流（負），
電力一直都是正數。

所以若是像圖 b 出現相位時…
正數負數交錯出現，電力也會出現在負的部份。
這樣的**負電力**，正是**虛功率**唷～～

哇——！原理其實相當單純呢。

從這張圖我們可以看出「相位小，虛功率也小」。
另外，「虛功率小，功率因數就會變好」…。

啊，所以「相位小，功率因數會變好」囉。
這樣相位和功率因數之間的關係，我就明白了！

…三角函數和向量就到此爲止啦…

哈啾！

我們先稍微休息一下，然後就來複…

哈啾！

妳…

妳沒事吧？

快感冒了，今天就這樣吧…

不要，我要今天講完！我希望今年就能講到複數啦！

嗚哇

嗚哇

噴嚏

因爲三角函數、向量、複數有相互關係，一口氣講完比較好啦！

我懂了，

我懂了，

我懂了！！

哎呀

哈啾

…她真是的，

一講到電就變那麼激動，

都不顧自己變什麼樣了…

呼～

冷靜

冷靜

138

…那，反正我家還滿近的，

要不要到我家？

…青沼同學如果不介意的話…

可以嗎？

嚇

！

啊，不是啦…我…我沒關係啦…

嗚哇哇…哇啊啊…

這樣啊～

慌慌

張張

我還是說出來了啊，啊～～～～…！！！

那我們走吧～

好……

三角比・三角函數的公式

對於工程數學來說，三角函數是不可或缺的工具。

交流電是一種正弦曲線，功率因數角（相位角）則是 $\cos\theta$。

因此解交流電的問題時，三角函數的計算是必要的。

但是這邊要留心，因為三角函數的計算有一點特別。

例如，不要把 $\cos(\alpha+\beta)$ 和 $\cos\alpha + \cos\beta$ 搞混了！！

正確是 $\cos(\alpha+\beta) = \cos\alpha\cos\beta - \sin\alpha\sin\beta$

在此我們就來將三角函數的重要公式全部介紹一遍吧。

【三角比】由直角三角形各邊的長度比，可得到以下的結果

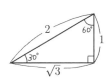

角度(°)	30°	45°	60°
sin	$\sin 30° = \dfrac{1}{2}$	$\sin 45° = \dfrac{1}{\sqrt{2}}$	$\sin 60° = \dfrac{\sqrt{3}}{2}$
cos	$\cos 30° = \dfrac{\sqrt{3}}{2}$	$\cos 45° = \dfrac{1}{\sqrt{2}}$	$\cos 60° = \dfrac{1}{2}$
tan	$\tan 30° = \dfrac{1}{\sqrt{3}}$	$\tan 45° = \dfrac{1}{1} = 1$	$\tan 60° = \dfrac{\sqrt{3}}{1} = \sqrt{3}$

【勾股定理】也稱為畢氏定理

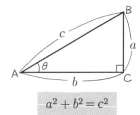

$$a^2 + b^2 = c^2$$

【常用公式、相互關係的公式】

可得知三角函數之間的關係

$$\sin^2\theta + \cos^2\theta = 1$$

$$\tan\theta = \dfrac{\sin\theta}{\cos\theta}$$

【和差定理的公式】這是一定要記起來的公式，可以導出其他公式

$$\sin(\alpha \pm \beta) = \sin\alpha\cos\beta \pm \cos\alpha\sin\beta$$

$$\cos(\alpha \pm \beta) = \cos\alpha\cos\beta \mp \sin\alpha\sin\beta$$

將 tan 代入上面式子，可導出 tan 的公式

$$\tan(\alpha + \beta) = \frac{\tan\alpha + \tan\beta}{1 - \tan\alpha\tan\beta} \quad \Leftarrow \quad \tan(\alpha + \beta) = \frac{\sin(\alpha + \beta)}{\cos(\alpha + \beta)} \text{代入}$$

$$\tan(\alpha - \beta) = \frac{\tan\alpha - \tan\beta}{1 + \tan\alpha\tan\beta} \quad \Leftarrow \quad \tan(\alpha - \beta) = \frac{\sin(\alpha - \beta)}{\cos(\alpha - \beta)} \text{代入}$$

【二倍角公式】和差定理當中設 $\alpha = \beta$，則可得出二倍角公式

$$\sin 2\alpha = 2\sin\alpha\cos\alpha \quad \Leftarrow \quad \sin(\alpha + \alpha) = \sin\alpha\cos\alpha + \cos\alpha\sin\alpha$$

$$\cos 2\alpha = \cos^2\alpha - \sin^2\alpha \quad \Leftarrow \quad \cos(\alpha + \alpha) = \cos\alpha\cos\alpha - \sin\alpha\sin\alpha$$

$$= 2\cos^2\alpha - 1 = 1 - 2\sin^2\alpha \quad \Leftarrow \quad \sin^2\alpha = 1 - \cos^2\alpha \ , \ \cos^2\alpha = 1 - \sin^2\alpha$$

【半角公式】根據二倍角公式，可以得出半角公式

$$\sin^2\frac{\alpha}{2} = \frac{1 - \cos\alpha}{2} \ , \ \cos^2\frac{\alpha}{2} = \frac{1 + \cos\alpha}{2}$$

【三角函數的合成公式】運用和差定理可得證明

$$a\sin\theta + b\cos\theta = \sqrt{a^2 + b^2}\sin(\theta + \alpha)$$

其中
$$\cos\alpha = \frac{a}{\sqrt{a^2 + b^2}} \ , \ \sin\alpha = \frac{b}{\sqrt{a^2 + b^2}}$$

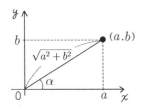

【三倍角公式】根據和差定理和二倍角公式導出。

$$\sin 3\alpha = 3\sin\alpha - 4\sin^3\alpha$$
$$\cos 3\alpha = 4\cos^3\alpha - 3\cos\alpha$$

$$
\begin{aligned}
\sin 3\alpha &= \sin(\alpha + 2\alpha) \\
&= \sin\alpha\cos 2\alpha + \cos\alpha\sin 2\alpha \quad \leftarrow\text{和差定理} \\
&= \sin\alpha(1 - 2\sin^2\alpha) + \cos\alpha \cdot 2\sin\alpha\cos\alpha \quad \leftarrow\text{二倍角} \\
&= \sin\alpha(1 - 2\sin^2\alpha) + 2\sin\alpha(1 - \sin^2\alpha) \\
&= 3\sin\alpha - 4\sin^3\alpha
\end{aligned}
$$

$$
\begin{aligned}
\cos 3\alpha &= \cos(\alpha + 2\alpha) \\
&= \cos\alpha\cos 2\alpha - \sin\alpha\sin 2\alpha \quad \leftarrow\text{和差定理} \\
&= \cos\alpha(2\cos^2\alpha - 1) - \sin\alpha \cdot 2\sin\alpha\cos\alpha \quad \leftarrow\text{二倍角} \\
&= \cos\alpha(2\cos^2\alpha - 1) - 2(1 - \cos^2\alpha)\cos\alpha \\
&= 4\cos^3\alpha - 3\cos\alpha
\end{aligned}
$$

接下來會說明的尤拉公式，可以推導出和差定理的公式，和證明三倍角的公式。

運用尤拉公式，證明三倍角的公式（計算熟練後請試著做做看）

$e^{jx} = \cos x + j\sin x$ 根據此式

$e^{j3x} = \cos 3x + j\sin 3x = (\cos x + j\sin x)^3 \quad\longrightarrow\quad (A+B)^3 = A^3 + 3A^2B + 3AB^2 + B^3$

$= \cos^3 x + j3\sin x\cos^2 x - 3\cos x\sin^2 x - j\sin^3 x$

$= \{\cos^3 x - 3\cos x\sin^2 x\} + j\{3\sin x\cos^2 x - \sin^3 x\}$

$(\sin^2 x = 1 - \cos^2 x,\ \cos^2 x = 1 - \sin^2 x$ 根據此式$)$

$e^{j3x} = \{\cos^3 x - 3\cos x(1 - \cos^2 x)\} + j\{3\sin x(1 - \sin^2 x) - \sin^3 x\}$

$= (4\cos^3 x - 3\cos x) + j(3\sin x - 4\sin^3 x)$

$= \cos 3x + j\sin 3x$

根據此式的實部　　　　　　虛部

$\cos 3x = 4\cos^3 x - 3\cos x$　　　$\sin 3x = 3\sin x - 4\sin^3 x$

自己導出和差定理吧！（非常方便！即使忘記剛剛的秘訣也沒關係）

$e^{j(x+y)} = e^{jx} \cdot e^{jy} = \cos(x+y) + j\sin(x+y)$ —— ①

$= (\cos x + j\sin x)(\cos y + j\sin y)$

$= \cos x\cos y - \sin x\sin y + j(\cos x\sin y + \sin x\cos y)$ —— ②

根據①和②的實部　　　　　　虛部

$\cos(x+y) = \cos x\cos y - \sin x\sin y$　　　$\sin(x+y) = \cos x\sin y + \sin x\cos y$

第 4 章

複數

請…
請進…

啪喳

終於有電了耶…
跟之前差眞多…

感動…

當時受妳照顧了…

……

那我就打擾
囉～

嗚．哇！
怎麼辦！

除了老媽以外第一
次！第一次有人來
我家耶！！

糟…有沒有
哪邊沒整理
好…

擺了什麼
令人好奇
的東西…

東張…
西望…

？青沼同學怎麼了？

我們該開始講課囉！

接下來要講的虛數、複數是工程數學裡最有趣的部份唷～！

……

啊…對耶…

對她來說就像家庭老師…像是老師來家裡訪查嘛。

哈哈…

反倒是我在胡思亂想什麼啊…

…真的耶，喂，

我到底是在尷尬個什麼？

青沼同學？

要開始了嗎～？

啊、好、好的，抱歉！

就請開始吧！！

1 複數的性質

一開始我們有說過「虛數 j」和「複數」…青沼同學還記得嗎？

複數…

虛數

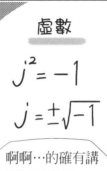

虛數

$$j^2 = -1$$
$$j = \pm\sqrt{-1}$$

複數

$$a + jb$$

啊啊…的確有講到這玩意兒…記得 j 還是個身份不明的傢伙…

沒錯，就是那個～

我們當時不能放心，不清楚虛數 j 先生是敵人還是朋友…

但是其實呢！

虛數 j 和複數可以使與電有關的計算變非常輕鬆！是正義的好朋友啊！

哈 哈 哈 哈 哈

接著下來就來介紹虛數 j 先生的有趣特質吧～！

虛數的乘法

先來做點簡單的計算問題吧。

如果我們將實數 1 乘以 j，再乘以 j …會變這樣。

$$1 \times j = j$$
$$j \times j = j^2 = -1$$
$$j^2 \times j = j^3 = -j$$
$$j^3 \times j = j^4 = j^2 \times j^2 = 1$$

整理如下…
$$1 \times j = j$$
$$j^2 = -1$$
$$j^3 = -j$$
$$j^4 = 1$$

嗯嗯，的確該是如此。

接下來開始就是有趣的部份啦！

請試著在複數平面上，把剛剛的乘法表示出來吧！（複數平面請參照 P.48）

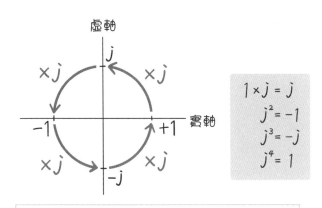

在複數平面上依次乘上 j 的結果

什麼！竟然變成逆時鐘旋轉耶！

是的。
其實，虛數 j 的乘法是呈逆時鐘 90°旋轉！

…什麼，乘法，旋轉…？
和一般我們使用的實數乘法是完全不同的世界啊…

確實，實數或許是我們熟悉的思考方式。
但是在這複數平面上，可以知道很多有趣的事唷。
例如說，我們都學過負負得正吧？

呃…的確，我記得有。
$-1 \times -1 = +1$ 這是鐵則…也是數學的常識…
但是仔細想想，其實還滿不知所以然呢，嗯…

不用如此煩惱。
只要到了複數平面上，就可以清清楚楚看到負負得正唷～你看！

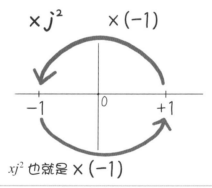

在複數平面上，乘以 j^2 的情況

哇——
真的耶，負數乘負數，等於是繞了一圈，真的變正數了…。
就像是走反方向×走反方向＝回到原點呢！
從這張圖也能知道「為什麼 j 的平方會變－1」，
真是有趣耶。

呵呵呵，虛數與複數平面，是數學中的劃時代概念。

 哇──
好像變魔術喔…

 我就再讓你見識一下另外的魔術吧。
這次我們將實數 1 乘上「$-j$」，而非乘上 j。
經過多次計算，結果會變這樣：

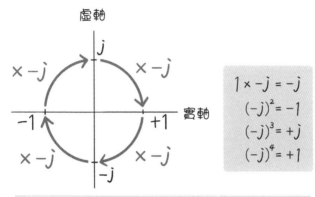

$$1 \times -j = -j$$
$$(-j)^2 = -1$$
$$(-j)^3 = +j$$
$$(-j)^4 = +1$$

在複數平面上乘以 $-j$ 多次的結果

 這次跟剛剛相反…！
變成順時鐘 90°旋轉啊！

 是的，這個乘法會造成 90°旋轉，是虛數 j 有趣的特質。
這種特質在工程數學中，非常有用。

 乘以 j 是逆時針旋轉，乘以 $-j$ 是順時針旋轉…
這眞的有用嗎？
嗯～，腦袋也跟著轉個不停啊…

寫

好，
現在來整理一下虛數的乘法和旋轉的重點如下：

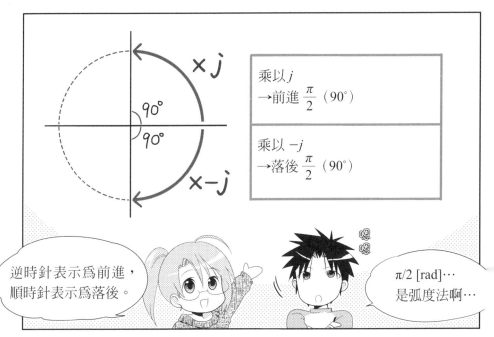

乘以 j →前進 $\frac{\pi}{2}$（90°）	
乘以 $-j$ →落後 $\frac{\pi}{2}$（90°）	

逆時針表示為前進，
順時針表示為落後。

嗯嗯

$\pi/2$ [rad]…
是弧度法啊…

嗯？怎麼覺得好像
有點似曾相識
　前進 90°…
　落後 90°…

啊

是相位！用向量來表示相位時有解說過！

答對囉！

請看這裡！

「相位」能夠以虛數 j 來表示！

向量的關係（圖形）
可以簡單的複數（式子）來表示唷～

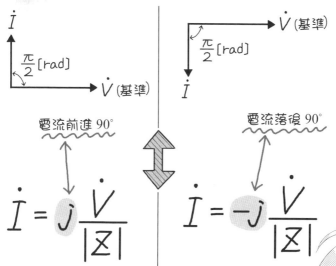

※請將這裡的 $|Z|$ 想成整理 $\dot{R}$ 和 $\dot{V}$ 大小的項目。詳細會在 P.153 說明。

從上面的式子可知 I 和 V 之間的關係。
只要注意複數 j，就能知道相位的情況。

也就是說複數是可以表示「相位」的數學式～！

整理後可知，運用複數，出現相位的交流電路問題就可以輕鬆計算。

※複數的計算方法在 P.169

只要看到式子計算，就要考慮運用相位。

嗯……

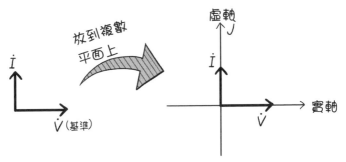

因此，接下來我們會多使用複數，
向量也以複數向量為主。
你不需要想得很困難，
只要將向量畫在複數平面上，就是複數向量！

放到複數
平面上

虛軸

j

$\dot{i}$

$\dot{i}$

$\dot{v}$(基準)

$\dot{v}$

實軸

「複數」和「複數平面」兩者完全相對應。（參照 P.49）。
也就是說，計算複數時，也就是在計算複數平面。

接下來 j 先生會變成我們的好朋友。

運用複數和複數平面，就可以快速解出答案。

接下來要請你多多幫忙囉—

補充說明

151 頁的式子中出現了 $|Z|$，我來說明一下這是什麼吧。
Z代表阻抗，也就是交流電的電阻總和。（參照P.125）

具有絕對值的 $|Z|$，意思是阻抗的大小。
但是爲什麼這邊突然要寫阻抗呢？
向量圖裡明明只畫了電流 $\dot{I}$ 和電壓 $\dot{V}$ 啊…

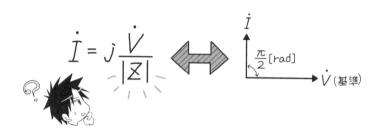

$$\dot{I} = j\,\frac{\dot{V}}{|Z|}$$

$\frac{\pi}{2}$ [rad]

$\dot{V}$ (基準)

呵呵，其實這是爲了整合 $\dot{I}$ 和 $\dot{V}$ 的大小，才會寫上阻抗（電阻的總
和）$|Z|$。
電流 I 和電壓 V 由於二者單位不同，因此沒辦法比較大小。
就像速度和距離的單位不同，不能拿來比較。

嗯，單位不同的確難以比較大小。
…嗯？速度和距離雖然不能比較，但只要加上「時間」，就會出現
一個關係式。
因爲速度〔km／h〕＝距離〔km〕／時間〔h〕…

對！就是這樣。我們來回想一下歐姆定律。
就像 I＝V／R，$|I|＝|V|/|Z|$ 是成立的！

啊，原來如此！利用這三者的關係就能夠寫出 $\dot{I}$ 和 $\dot{V}$ 的公式，所以
$|Z|$ 很重要。

對啊，請把 $|Z|$ 當成整合 $\dot{I}$ 和 $\dot{V}$ 的東西。
另外爲了表示向量的方向，還會用到 j 和 $-j$。

虛數是如何產生的？

 嗯，現在我知道虛數 j 在交流電的問題中很有用啦⋯
但是一開始到底是誰想到虛數，又是用來做什麼？

 很好奇吧～虛數大約出現於十六世紀。
是為了解開無解的問題而想出來的。

$$x^2 + 5 = x^2 - (-5) = (x + j\sqrt{5})(x - j\sqrt{5}) = 0$$

化成這樣，就能說「我
解開 $x^2 + 5 = 0$ 了！」

任何二次方程式，即使是「平方後會變成負數的數」，都能解開！

 哇⋯就是一定要求解。

 這個嘛，好不容易產生的虛數⋯
很可惜當時的數學家不太能接受。
平方後會變負數的數，當時只是概念，沒有特別的實用價值。
自從發現虛數，大概被捨棄了二百年吧⋯
虛數很寂寞呢⋯

 妳是不是有點太多情了⋯

 不過呢！後來出現了數學家尤拉（Leonhard Euler 1707-1783）。
尤拉是十八世紀最有名、最厲害的數學家，他將虛數單位 $\sqrt{-1}$ 制定
為 i（在電的世界裡則是 j）。
另外他在 1748 年還發表了含有虛數且非常重要的「尤拉公式」，關
於這個公式我們會再詳細說明。

 哇－多虧尤拉大師，才有虛數的關係公式呀。

嗯嗯，但是當時大家還是不能接受虛數的存在。
因為虛數是無法畫出圖形，無法想像的東西。

…是喔？但是剛剛不是畫出複數平面了嗎？

沒錯！後來就出現了複數平面。
有了複數平面，虛數第一次變成可以畫成圖、用眼睛看到圖。虛數
終於取得數學世界的公民權啦～。

哇～原來如此！虛數終於能重見天日啦…

複數平面的別名叫「高斯平面」，其實這是來自一個人名。
雖然複數平面是許多人努力的結果，但其中數學家高斯（Carl Frid-
rich Gauss，1777- 1855）的成就最重要，所以人們把複數平面又稱
為高斯平面。

從此以後，虛數、複數和複數平面誕生了…
後來更有人以劃時代的思考方式，將這些應用於計算交流電路！

••

1886 年，英國Heaviside提出，將複數應用於計算交流電路。
1893 年，英國Kennelly以複數來表示阻抗。
同年，美國 Steimetz 工程師，提出運用虛數 $j = \sqrt{-1}$ 來計算交流電
路的理論，並且發表論文。

••

於是，電的世界裡就此開始運用虛數、複數。

2 複數的重要公式

尤拉公式

那麼接下來要介紹兩個運用虛數的極重要公式。
也就是「尤拉公式」和「尤拉等式」。

…嗯？這兩個名字好像喔。

是啊，當然。因為尤拉公式變化後成為尤拉等式。所以請一起記住
唷。
順帶一提，有物理學家將這公式稱為「人類的至寶」。

哇－被當作是最珍貴的寶物…！真了不起。

呵呵呵，這公式就是那麼好用、美妙。
百聞不如一見，首先請看這個「尤拉公式」～。

$$e^{jx} = \underbrace{\cos x + j \sin x}_{三角函數}$$

指數函數

…抱歉，我可以裝作沒看到嗎…好像很難…。

不不！接下來會講解得很簡單，不要擔心～！
這個公式的特徵是，兩個不同的函數——指數函數和三角函
數，可藉由虛數單位 j 結合在一起。

三角函數是前面學過的 $\sin\theta$ 和 $\cos\theta$。
變化的數——變數，不是 θ 而變成 x。

所以指數函數記為 e^x，畫成圖表如下，

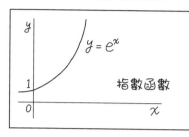

請記住各部位的名稱唷。

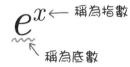

嗯嗯，我有點好奇耶…
指數看起來有點像之前出現的次數（參閱P.100），兩者有什麼不同嗎？

這問題很好，其實指數與次數，兩者有下列這些差別，

e 是納皮爾常數的數學定數，稱為「自然對數的底數」。
$e = 2.71828\ 18284\ 59045\cdots$ 是數字不停延伸的無理數。

啊…像圓周率 π 一樣，沒辦法背的數啊…

乍看只是一串單純的數字排列，但其實這個 e 隱藏了各種特性。
在函數與微分積分等等的計算中極度活躍，是非常方便的數字唷。

e 在計算時有時會改寫。
不過即使改寫也不用困惑，記下來即可。

$$e^x = \exp(x)$$

指數　　　　　指數

exp是「exponential＝指數」的簡寫。
有人稱指數函數爲exp函數。

原來如此…電玩裡的exp是指經驗值，跟這不一樣啊。

專有名詞的解說到此爲止，接著來談電的部份。
在電的世界裡，「尤拉公式」是像下面這樣寫唷～！
來吧青沼同學！　請注意觀察這公式：

指數函數　　　　　　三角函數

$$\varepsilon^{j\theta} = \cos\theta + j\sin\theta$$

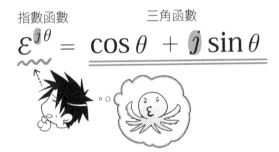

嗯嗯…指數的變數，從 x 變成 θ 呢。
e 居然變成章魚嘴，眞是莫名其妙啊！

章魚嘴…！這個 ε 唸作Epsilon。
這只是單純代換符號，和自然對數的底數 e 意思一樣。

這、這樣呀～。那就和虛數 i 轉爲 j 同樣意思嘛。
在電的世界裡，自然對數的底 e 是寫成 ε…

沒錯，尤拉定律與指數函數的 ε，在後面非常重要，因此請多多熟
悉唷。

指數函數為什麼會那麼重要呢⋯

這是因為將三角函數轉換為指數函數後，可以進行「指數計算」。

$x \neq 0$，m、n 為整數，下列指數定律成立

$$x^m \times x^n = x^{m+n}, \quad (x^m)^n = x^{mn}, \quad (xy)^n = x^n y^n, \quad x^0 = 1$$

....

【計算例】$x^3 \times x^2 = x^{(3+2)} = x^5, \quad (x^3)^2 = x^{(3 \times 2)} = x^6,$

$$(x^2 y^3)^3 = x^{(2 \times 3)} y^{(3 \times 3)} = x^6 y^9$$

在解工程數學問題時，很多情況用指數計算可以輕鬆完成。

喔喔，如果想要輕鬆一點，就要善用指數函數啊。

至此我們介紹完畢尤拉公式的部份。還有，變換尤拉公式所得出的「**尤拉等式**」，也不可以忘記喔。

$$\varepsilon^{j\pi} + 1 = 0$$

尤拉等式裡包含了五個重要的數——

「自然對數的底數 ε (e)」、「虛數單位 j (i)」、「圓周率 π」、「1」、「0」，被稱為**世界最美妙的公式**。

這就是轉換的過程～

在電的世界裡，e 寫成 ε

$\varepsilon^{jx} = \cos x + j \sin x$（ 尤拉公式 ）

- x 代入圓周率 π

$\varepsilon^{j\pi} = \cos \pi + j \sin \pi$

- $\cos \pi = \cos 180° = -1$

由於 $\sin \pi = \sin 180° = 0$，因此

$\varepsilon^{j\pi} = -1 + 0j$
$\quad\;\; = -1$

- 將 -1 移到左邊

$\varepsilon^{j\pi} + 1 = 0$（ 尤拉等式 ）

※ $\varepsilon^{j\pi} = -1$ 也常用到

真是簡單耶，好像連我都能寫得出來。

用複數表示交流電

尤拉公式可以應用在很多地方。

比方說交流電壓的式子，也能利用尤拉公式改寫唷～！

※在此以電壓作為例子，但電流的式子也通用。

\ 新登場！！ /　　　前面介紹的公式（參閱 P.36）

$$\dot{V} = V_{\mathrm{m}} \varepsilon^{j\omega t} \iff v(t) = V_{\mathrm{m}} \sin \omega t$$

怎麼會這麼清爽？這可真是大變身呀。

「三角函數」的公式變成以「指數函數」表示的向量！

嗯嗯，沒錯。青沼同學很瞭解這兩個函數呢。

由於指數函數的公式中包含虛數 j，這就是所謂的**複數向量**。

能夠像下面這樣，在複數平面上畫出來唷。

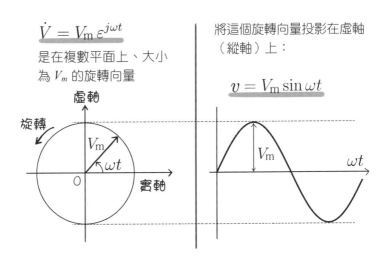

$$\dot{V} = V_{\mathrm{m}} \varepsilon^{j\omega t}$$

是在複數平面上、大小
為 V_m 的旋轉向量

將這個旋轉向量投影在虛軸
（縱軸）上：

$$v = V_{\mathrm{m}} \sin \omega t$$

虛軸

旋轉

V_m

ωt

O　　實軸

V_m

ωt

這樣看圖就好懂多了。

…不過要怎樣運用尤拉公式才會出現這個式子呢？

呵呵，關於這部份，有個重要的步驟。
首先…只取「尤拉公式」的虛部。

尤拉公式
$$\varepsilon^{j\theta} = \cos\theta + j\underline{\sin\theta}$$

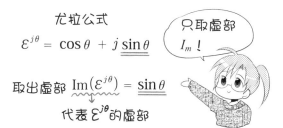

只取虛部
I_m！

取出虛部 $\mathrm{Im}\left(\varepsilon^{j\theta}\right) = \underline{\sin\theta}$

代表 $\varepsilon^{j\theta}$ 的虛部

咦？這樣做好嗎！？
感覺像是只拿走蛋糕上的草莓啊…

是呀，爲了達到計算的目的，這麼做是可以的。
電的計算裡有像這種「取用虛部」、「取用實部」的作法。
Im（ ）是表示取用虛部的情況，Re（ ）則是取用實部的情況。
請注意不要和電流的最大值代號 I_m 搞混囉。

再來將取用的項目代入交流電壓的公式裡。
重點在於理解取用的意義，計算本身很簡單。

$\mathrm{Im}\left(\varepsilon^{j\theta}\right) = \sin\theta$ 因此，
$$\varepsilon^{j\theta} = \sin\theta$$
$$\varepsilon^{j\omega t} = \sin\omega t \cdots ①$$

代入交流電壓的公式
$$\upsilon = V_m \underline{\sin\omega t}$$
這邊代入①
$$\upsilon = V_m \varepsilon^{j\omega t} \quad (複數)$$
$$\dot{V} = V_m \varepsilon^{j\omega t} \quad (複數向量)$$

嗯～總而言之，這次計算的目的，是交流電壓的公式。
由於電壓的值是對虛軸（縱軸）的投影，所以要取用虛部。
思考計算的目的，就知道**不需要實部**。眞是合理呀…

眞是多虧了複數才能這麼做，還好實數部分（實部）與虛數部分（虛部）分別很明確。

以向量表示複數的各種方法

我們接著來說複數平面的表示方法吧。

青沼同學喜歡打電動嗎？

超喜歡。

不管是 RPG，或是其他類型的遊戲我都非常愛玩。

那就很容易想像了～

請想像我們現在處於 RPG 的世界裡…

我們要從小村莊出發，目的地是遙遠的城堡。

從小村莊到城堡的這段路要怎麼說明才會令人簡單易懂呢？

抵達這裡！

從這出發

嗯…我不喜歡打架，因此最好能儘速到達～。

最先想到的是往東a步、往北 b 步這樣的說明方式。

簡單易懂呢～

最近的遊戲已經變成可以斜著前進，

所以是從東向北轉θ度的方向走 A 步！

這也是個好方法啦～

所以呢？
城裡有什麼嗎？

期待 興奮

由此可知，向量所指向的點有兩種表示方式！

這就是複數向量的表示方式！

第一種指定座標的方式為「正交式」

第二種利用角度 θ 的方法為「極式」

表示向量 A 的公式，居然有四種！

太厲害了，我們來看看～！

原來什麼都沒有…

以下是各種表示複數向量的方法唷～♪

① 正交座標表示 ‧‧‧‧‧‧ **正交式**

② 極座標表示

③ 三角函數表示 } ‧‧‧‧‧‧ **極式**

④ 指數函數表示

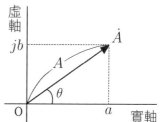

$A^2 = a^2 + b^2$, $A = \sqrt{a^2 + b^2}$ （複數 $\dot{A}$ 的絕對值 $|\dot{A}| = A$）
畢氏定理

由 $\dfrac{b}{A} = \sin\theta$ 變成 $b = A\sin\theta$， 由 $\dfrac{a}{A} = \cos\theta$ 變成 $a = A\cos\theta$

→ 由此可得③式成立

①正交座標表示： $\dot{A} = a + jb$

②極座標表示： $\dot{A} = A\angle\theta$, $A = \sqrt{a^2 + b^2}$

③三角函數表示： $\dot{A} = a + jb = A(\cos\theta + j\sin\theta)$

$\dot{A} = A(\cos\theta + j\sin\theta)$ → 向量圖在下一頁

④指數函數表示： $\dot{A} = A\varepsilon^{j\omega t}$

$\varepsilon^{j\theta} = (\cos\theta + j\sin\theta)$ ‧‧‧ 尤拉公式

參考 電壓的複數表示法 $\dot{V} = V_{\mathrm{m}}\,\varepsilon^{j\omega t}$

$$\dot{A} = A\varepsilon^{j\theta} = A(\cos\theta + j\sin\theta) = A\angle\theta = a + jb$$

另外，$A\varepsilon^{j\theta} = A\varepsilon^{j\omega t} = A\exp(j\omega t)$

嗚哇…還滿可怕的…！

多解幾次題目就會熟悉啦～加油吧！

不、不好意思…先別談多多解題，

其實我對這式子還是有些部份不太懂…

$$\dot{A} = a + jb = A(\cos\theta + j\sin\theta)$$

這式子嗎？

表示爲複數平面上的向量，是像這樣吧？

對，沒錯！

青沼同學你真厲害，對向量圖已經完全了解呢！

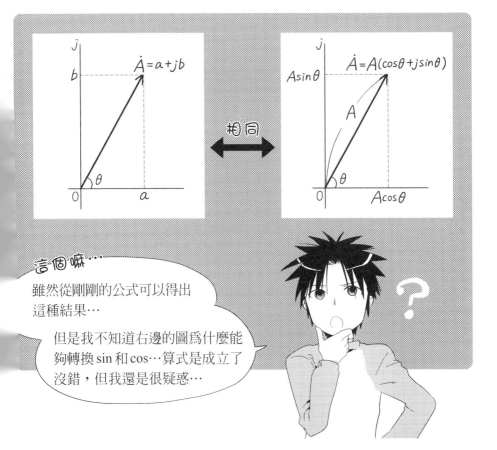

這個嘛…

雖然從剛剛的公式可以得出這種結果…

但是我不知道右邊的圖爲什麼能夠轉換 sin 和 cos…算式是成立了沒錯，但我還是很疑惑…

因為，sin
是…cos 是…

呃

思路都打結了吧～

那麼我們就一步一步來驗證吧。青沼同學，

請回想一下 cos 與 sin 的定義。

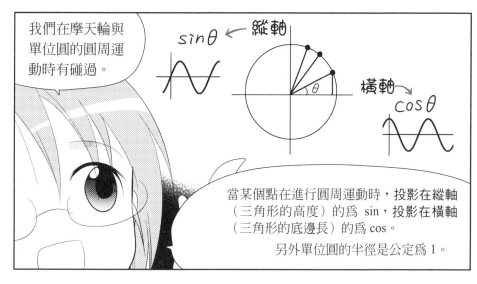

我們在摩天輪與單位圓的圓周運動時有碰過。

sin θ ← 縱軸

橫軸→

cos θ

當某個點在進行圓周運動時，投影在縱軸（三角形的高度）的為 sin，投影在橫軸（三角形的底邊長）的為 cos。

另外單位圓的半徑是公定為 1。

啊…對啦！只要設角度為 θ，則縱軸為 $\sin\theta$，橫軸為 $\cos\theta$。

$A\sin\theta$

A

θ

$A\cos\theta$

沒錯！

然後在此將半徑 1 的單位圓擴增為 A 倍，向量的長度就變成 A。

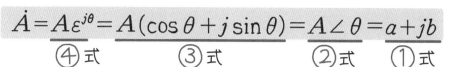

$$\dot{A} = A\varepsilon^{j\theta} = A(\cos\theta + j\sin\theta) = A\angle\theta = a + jb$$

④式　　　③式　　　②式　　①式

- $\dot{A} = a + jb = A(\cos\theta + j\sin\theta)$

- $\varepsilon^{j\theta} = \cos\theta + j\sin\theta$

代入尤拉公式就會變成④式！

套用到目前爲止我們所學過的，就能理解了。

反覆練習！

理解了這兩個公式，就能自然記住這四種向量的表示方式！

所以要能把同樣的東西顛過來倒過去，隨機應變嘍…

要練到有能力轉換，眞是累人啊～…

嗯⋯⋯

畢竟我們今天要一口氣講完呀～

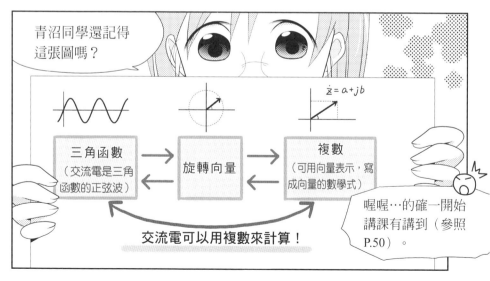

青沼同學還記得這張圖嗎？

$\dot{z} = a + jb$

三角函數
（交流電是三角函數的正弦波）

旋轉向量

複數
（可用向量表示，寫成向量的數學式）

交流電可以用複數來計算！

喔喔⋯的確一開始講課有講到（參照 P.50）。

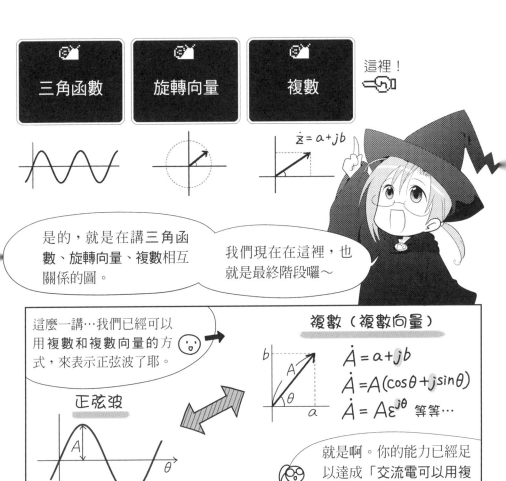

三角函數　　旋轉向量　　複數

這裡！

$$\dot{z} = a + jb$$

是的，就是在講三角函數、旋轉向量、複數相互關係的圖。

我們現在在這裡，也就是最終階段囉～

這麼一講…我們已經可以用複數和複數向量的方式，來表示正弦波了耶。

複數（複數向量）

$$\dot{A} = a + jb$$
$$\dot{A} = A(\cos\theta + j\sin\theta)$$
$$\dot{A} = A\varepsilon^{j\theta} \text{ 等等…}$$

正弦波

就是啊。你的能力已經足以達成「交流電可以用複數計算！」了。

你懂得各種表示方法，知道怎麼使用各種公式！這些全都會成為你解問題的武器！

請好好記住呀！

我、我會加油的…！

複數的計算方法

接下來要來介紹我們有力的好朋友——複數的計算方法。
「**1.** 共軛複數」「**2.** 複數的幅角」「**3.** 複數的範數（絕對值）」
「**4.** 複數的加減乘除」來努力學好這些吧。

1 共軛複數

當複數 $\dot{A} = a + jb$ 時，共軛複數為 $\dot{A}^* = a - jb$

請看下方的向量圖～複數與共軛複數是位置相對的數。
兩者以實軸為中心，形成鏡子般的鏡像對稱關係。

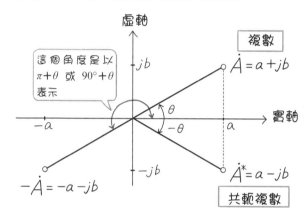

喔喔，真的剛好是相對的耶，就像正與負、白天與夜晚一樣⋯
簡單地說，也就像主角和死對頭⋯

不錯喔～其實在計算時，常會用到共軛複數。
想想，只要主角能和死對頭攜手合作，就能完成計算！這還真是件
好事啊。

$$\underset{\dot{A}\ \text{合作}\ \dot{A}^*}{\underbrace{(a \oplus jb)}\ \underbrace{(a \ominus jb)}} = (a \times a) - j^2(b \times b)$$
$$= a^2 + b^2 \qquad \text{轉換為} -1$$

接下來我們來看右邊的向量圖，解釋
「**2. 複數的幅角**」「**3. 複數的範數
（絕對值）**」吧～。

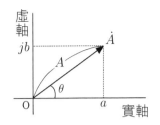

2　複數的幅角

當複數 $\dot{A} = a + jb$ 時，幅角（或稱相位角）θ 為

$$\theta = \underset{\underset{\text{代表幅角的名詞}}{\uparrow}}{\arg} \dot{A} = \tan^{-1} \frac{b}{a} \qquad \left(\tan \theta = \frac{b}{a} \qquad \theta = \tan^{\overset{\uparrow}{\underset{\substack{\text{負的次數}\\ \text{（參照 P.100）}}}{-1}} } \frac{b}{a} \right)$$

arg是幅角原文「argument」的簡寫唷。

3　複數的範數（絕對值）

當複數 $\dot{A} = a + jb$ 時，範數（絕對值）為

$$|\dot{A}| = \underbrace{\sqrt{a^2 + b^2} = \sqrt{(a + jb)(a - jb)} = \sqrt{\dot{A}\dot{A}^*}}_{\text{請參照共軛複數的計算方法}}$$

嗯，共軛複數在不同的地方都顯得很重要呢。

····· check！···

「絕對值」和「範數」雖然很像，但嚴格來說定義不一樣。

「**絕對值**」限定適用於複數或實數等**數字**。
我們在求向量大小時，要把這些**數字**變成絕對值。

「**範數**」則除了適用於數字，還能以映射方式用於空間。
對於向量而言，除了大小以外，還有最大值等範數。
也就是說，範數能運用的範圍比絕對值廣泛。

接下來我們分別來看複數的**加減乘除**：加法、減法、乘法、除法。

④ 複數的加減乘除

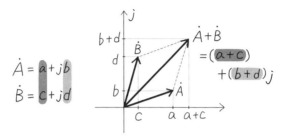

$$\dot{A} + \dot{B} = a + jb + c + jd = a + c + j(b + d)$$

$$\dot{A} - \dot{B} = a + jb - (c + jd) = a - c + j(b - d)$$

$$\dot{A} \times \dot{B} = (a + jb) \times (c + jd)$$
$$= ac + jad + jbc + j^2 bd \qquad \text{把 } j^2 \text{ 代換成} -1$$
$$= (ac - bd) + j(ad + bc)$$

$$\frac{\dot{A}}{\dot{B}} = \frac{a + jb}{c + jd} = \frac{(a \oplus jb)(c \ominus jd)}{(c \oplus jd)(c \ominus jd)} \qquad \text{使用共軛複數}$$
$$= \frac{(ac + bd) + j(bc - ad)}{c^2 + d^2}$$

嗯，就是所有實數和所有虛數分別進行計算嘛。

答對了！在處理複數時，請你注意區分**實部**和**虛部**。
複數計算的解答，還是複數唷。

熟練這些計算方法後，接下來就來試著解題吧～

3 運用複數的問題

 問題 瞭解複數的寶貴吧！

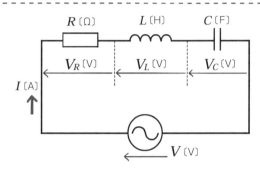

有一 RLC 串聯電路如上圖所示，請求其阻抗，並以向量圖表示出電流與電壓的關係。交流電的角頻率設為 $\omega = 2\pi f$。

 **如何思考** 這個問題有兩種解法，另一種解法請參照 P.175。

終於出現**交流電源**的問題了！
在交流電的問題裡，探討「**相位**」非常重要。
相位是以複數表示唷～。
另外，因為這是**串聯電路**，所以**電流 I 保持固定**。
你必須把前面所教過的東西都記清楚，才有辦法解答。

啊——好像…要用到有很多前面教過的東西耶。
像是電阻 R、線圈 L、電容 C…等等。（參照 P.118）

是呀～所如果沒有好好記住，就解不開這個問題唷～！
向量圖的畫法基本上跟以前一樣。（參照 P.128）
請試著畫出複數平面吧。

首先寫出三種元件的電壓 $\dot{V}$。

由於電流 I 固定，所以根據歐姆定律：

$$\dot{V}_R = \dot{I}R \ 、 \ \dot{V}_L = j\omega L \dot{I} \ 、 \ \dot{V}_C = -j\frac{\dot{I}}{\omega C}$$

※如果不記得表示相位的 j 和 − j、電容和
線圈的電抗，就無法完成這些式子。

因為 $\dot{V} = \dot{V}_R + \dot{V}_L + \dot{V}_C$ 故阻抗 Z 為

$$\dot{Z} = \frac{\dot{V}_R + \dot{V}_L + \dot{V}_C}{\dot{I}} \quad \longleftarrow \text{歐姆定律}$$
（電阻為阻抗 Z）

$$= \frac{\dot{I}R + j\omega L\dot{I} - j\dfrac{\dot{I}}{\omega C}}{\dot{I}}$$

$$= R + j\omega L - j\frac{1}{\omega C}$$

$$= R + j\left(\omega L - \frac{1}{\omega C}\right)$$

已得到 $A + jB$ 的形式，所以解題完成。

這邊已解決了「求出阻抗」的問題，下一頁則是解答「以向量圖
表示出電流與電壓的關係」。

接著來探討電壓 $\dot{V}$ 與電流 I 的關係。

・對於電阻R來說,電壓 $\dot{V}_R$ 與電流 I 的關係是

$$\dot{V}_R = \dot{I}R$$

因此,電壓和電流為同相(相位角相同)。

・對於線圈L來說,電壓 $\dot{V}_L$ 與電流 I 的關係是

$$\dot{V}_L = j\omega L\dot{I}$$

因此,電壓 $\dot{V}_L$ 的相位比電流 I 超前 $\frac{\pi}{2}$(90°)。

・對於電容C來說,電壓 $\dot{V}_C$ 與電流 I 的關係是

$$\dot{V}_C = -j\frac{\dot{I}}{\omega C}$$

因此,電壓 $\dot{V}_C$ 的相位比電流 I 落後 $\frac{\pi}{2}$(90°)。

三者的關係畫成圖就像這樣。

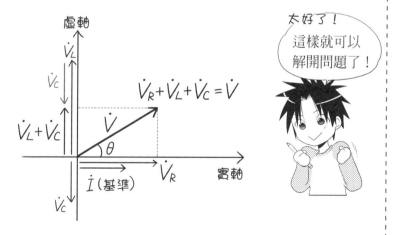

〰 代換微積分方程式吧

嗯嗯，問題順利解開了呢。

但是還有另一種方法可以解開這道問題喔。

事實上，在電源電壓 v 與流動於電路中的電流 i 之間，還存有一種微積分方程式的關係…

$$v = Ri + L\frac{di}{dt} + \frac{1}{C}\int idt$$

i 對時間 t 做**微分**　　i 對時間 t 做**積分**

利用這個公式就能解開問題了～。

嗚哇！不不不，不行啦！我不會微分積分啦…！

一開始講課不是有講過「有了複數，就可以避開微積分」嗎？為什麼現在又得使用微積分啊！？

唉呀～～你真的很怕微分積分耶。

現在要講的方法，對於害怕微積分的青沼同學也非常推薦喔！

這是「利用複數將微積分方程式代換成簡單式子」。

即便是困難的微積分方程式，只要代換成簡單的數學式，就能輕鬆解決囉。

呃，代換…有這種辦法嗎？

嗯，把這個微積分方程式想成是複數表示式 $\dot{V} = V_m \varepsilon^{j\omega t}$ …那就可以代換成下面這樣：

※前提為穩定狀態（電流·電壓狀態固定）。

$$v = Ri + L\frac{di}{dt} + \frac{1}{C}\int i\,dt$$

$$\Downarrow$$

$$\dot{V} = \left(R + j\omega L + \frac{1}{j\omega C}\right)\dot{I}$$

咦？如果是這樣，解題就簡單了。
可以這樣子解開，

阻抗 Z 為

$$\dot{Z} = \frac{\dot{V}}{\dot{I}} \quad \leftarrow \textbf{歐姆定律}$$
（電阻為阻抗 Z）

$$= R + j\omega L + \frac{1}{j\omega C}$$

$$= R + j\left(\omega L - \frac{1}{\omega C}\right)$$

已得到 $A + jB$ 的形式，所以解題完成。

正是如此！能像這樣代換，就變得很簡單吧～。

是呀～。
不過，為什麼可以這樣代換微積分方程式啊？

呵呵呵，其實在這裡我們是做這樣的代換。

$$d/dt \text{（微分）} \qquad \int dt \text{（積分）}$$

$$\Downarrow \qquad\qquad \Downarrow$$

$$j\omega \qquad\qquad 1/j\omega$$

 喔喔，微積分可以用 $j\omega$ 來代換嗎！？
j 先生和 OMEGA 貓真是太厲害了！

 很方便吧～不過能夠做這種代換的，只限定於：

· 進行微積分的對象具有 $A\varepsilon^{j\omega t}$ 的形式
· 對時間（t）做微積分時

要注意唷。

為什麼可以這樣代換呢？下面我們列出詳細的算式。
解題時，則可省略這些詳細的算式～

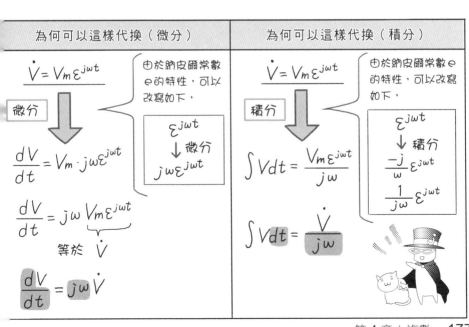

為何可以這樣代換（微分）	為何可以這樣代換（積分）
$\dot{V} = V_m \varepsilon^{j\omega t}$ 微分 ⇩ 由於納皮爾常數 e 的特性，可以改寫如下， $\varepsilon^{j\omega t}$ ↓微分 $j\omega\varepsilon^{j\omega t}$ $\dfrac{dV}{dt} = V_m \cdot j\omega\varepsilon^{j\omega t}$ $\dfrac{dV}{dt} = j\omega \underbrace{V_m\varepsilon^{j\omega t}}_{\text{等於 } \dot{V}}$ $\dfrac{dV}{dt} = j\omega \dot{V}$	$\dot{V} = V_m \varepsilon^{j\omega t}$ 積分 ⇩ 由於納皮爾常數 e 的特性，可以改寫如下， $\varepsilon^{j\omega t}$ ↓積分 $\dfrac{-j}{\omega}\varepsilon^{j\omega t}$ $\dfrac{1}{j\omega}\varepsilon^{j\omega t}$ $\int V dt = \dfrac{V_m \varepsilon^{j\omega t}}{j\omega}$ $\int V dt = \dfrac{\dot{V}}{j\omega}$

不知不覺就做完微分和積分？

 可是剛剛微分、積分才出現一點點，我就覺得很緊張耶～
微積分從高中時就搞不懂了，實在很怕呀…唉…

 我懂你的心情唷～
但是微分、積分是探討變化的狀態，最基本的數學。
與曲線或波形具有很密切的關係，我們在此說明一下，就像這樣：

· **微分**是…將東西細細分開研究，從切線的傾斜度可知變化的比例！

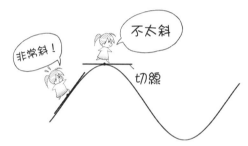

· **積分**是…將分開的東西結合起來，能知道面積或體積！

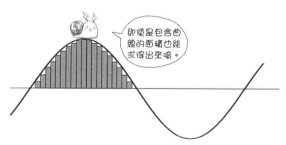

· 而且，微分與積分有互為表裡的關係！

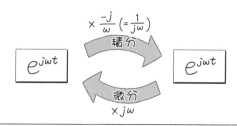

178

曲線、波形、變化的狀態…啊～，微分積分真的是對學習電子學很重要呢…不過我還是很怕呀…嗚嗚…

 別擔心～青沼同學你已經在不知不覺間完全熟悉微分、積分了。前面為了探討相位，我們使用了 j，其實呢…

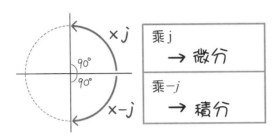

乘 j ＝相位超前 90°，與微分同樣意思。
乘 $-j$ ＝相位落後 90°，與積分同樣意思。

 哇～！多虧有了複數，原來我不知不覺就學會微分、積分了。

 另外，就像前面的式子，我們可以這樣代換：

$$d/dt \text{（微分）} \Downarrow j\omega \qquad \int dt \text{（積分）} \Downarrow 1/j\omega \ (=-j/\omega)$$

$$\frac{1 \times j}{j\omega \times j} = \frac{j}{j^2\omega} = -j/\omega$$

由於這種情況要考量的包括相位和大小，所以要加上 ω，意思是說…「做微分，就是旋轉 90°，同時將振幅乘上 ω 倍」。

 喔～總而言之，在相位的情形時要利用 j 和 $-j$。
在代換式子時，則利用 $j\omega$ 和 $-j/\omega$（$=1\frac{1}{j\omega}$），就能簡單完成微分和積分。我明白啦！

4　三向交流電路

喀啦…

不好意思，我開一下窗唷。

呃，哦…好

超冷!!

抖

啊！有了有了，那兒有麻雀。

麻雀？

啾
啾
啾

鳥兒感情很好，停在那三條電線上呢～眞可愛—

接下來我要來講有關電線的知識，

在此我們也要從工程數學的角度來看，很有趣唷～

抱緊

被抱緊

是這樣啊…

180

單相交流電與三相交流電

我們來討論「單相交流電」和「三相交流電」吧。
一般家庭的插座是「單相交流電」，電壓和電流的波形只有一個。

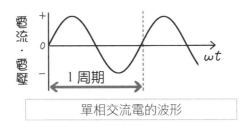

單相交流電的波形

嗯嗯，這就是前面我們學過的交流電嘛。

另一方面，公司或工廠的營業用電源，以及電線桿的電線等等，則是「三相交流電」。

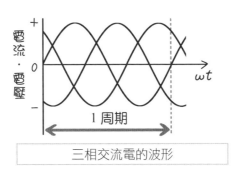

三相交流電的波形

什麼！！有三個波形！？

三相交流電在電力供給上，非常有效率。

供給家庭的電力，在傳輸途中都是**三相交流電**。

最後是藉由電線桿上的**變壓器**，才轉換爲**單相交流電**的喔。

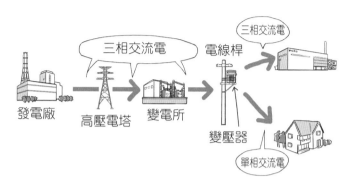

啊～！我就想說電線桿上方的東西到底是什麼，原來是變壓器啊。

如同單相交流電可以用旋轉向量表示，**三相交流電**也可以用**三條旋轉**向量來表示。

電流的向量在圖上以 I_a、I_b、I_c 畫出來，就像這樣！

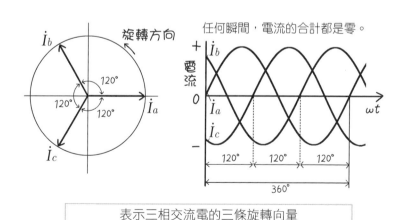

表示三相交流電的三條旋轉向量

嗯，這些電流的相位各差 **120°**。

⌒ 三相交流電的電路圖

 接著來想想三相交流電的**電路圖**吧！
你能想像出這種圖會變怎樣嗎？

 嗯…單相交流電的電路圖是這樣…是不是把它乘以三倍就好啊？

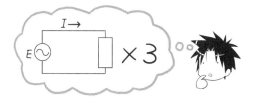

 基本的思考方式沒錯啦。
那我們就實際來將三個單相交流電的電路組合起來吧～

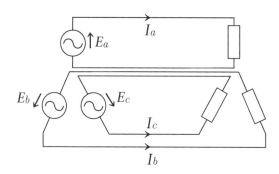

 喔，這造型好炫！電線也變多了。

其實這些電線可以來省略。
首先,圈起來部份的三條電線,就可以當成同一條線。

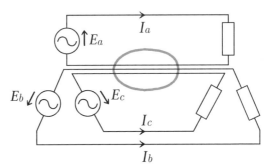

由於 I_a、I_b、I_c 的電流大小都一樣,而且相位都有所偏離,所以共同在一條電線上傳輸是沒問題的。

嗯。
這麼一來,電線就像下圖一樣,總共變成四條了!

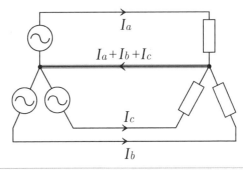

圖 a　共用同一條電線的圖示

是呀!不過這裡還有辦法進一步簡化。
其實,這一條共同的電線,即使去掉也沒關係。

咦?還能再省略嗎?

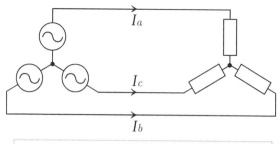

圖 b 三相交流電的電路圖

 看，完成囉！這就是**三相交流電的電路圖**。
這三條就相當於你在電線桿上看到的三條輸電線！

 啊，電線桿上的電線的確有三條呢。不過這樣省略沒關係嗎？
節省過頭，會不會出什麼問題啊…

 別擔心啦～以工程數學的角度思考，是完全沒問題的。
事實上，剛剛「圖a 共用同一條電線的圖示」當中，流進 I_a、I_b、
I_c 的電流是零唷。

 是喔～！電流不會流到那一段電線裡面嗎？
這麼一來有了電線也是多餘的，所以拿掉也沒關係嘛。
但是電流真的是零嗎？真是不可思議啊…

 很神奇吧～這個電流為零是可以用計算證明出來的。
我們把它當作習題來解解看吧！

接下來的證明問題裡，弧度法、指數函數和尤拉公式是三個重點唷。

這一節出現了一堆「3」啊…

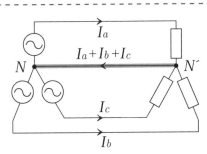

如上圖所示的三相交流電電路，試證明在N與N'之間流動的電流爲零。

 如何思考

我們已知三相交流電路中，各電流彼此的相位是120°。（參照P.182）
以**弧度法**表示 120°並利用**指數函數**，這三道電流就可以表示成這
樣：

利用指數函數的表示法　　$\dot{I}_a = |I|$

$\dot{A} = A\varepsilon^{j\theta}$　　$\dot{I}_b = |I|\varepsilon^{j\frac{2}{3}\pi}$　120°
再差
120°
則…　　　　　　　　　　$\dot{I}_c = |I|\varepsilon^{j\frac{4}{3}\pi}$

在這個問題中，尤拉公式很重要。
計算時請參考一下這份表格唷～

θ	120°	135°	150°	180°	210°	225°	240°	270°	300°	315°	330°	360°
弧度 [rad]	$\frac{2}{3}\pi$	$\frac{3}{4}\pi$	$\frac{5}{6}\pi$	π	$\frac{7}{6}\pi$	$\frac{5}{4}\pi$	$\frac{4}{3}\pi$	$\frac{3}{2}\pi$	$\frac{5}{3}\pi$	$\frac{21}{12}\pi$	$\frac{11}{6}\pi$	2π
$\sin\theta$	$\frac{\sqrt{3}}{2}$	$\frac{1}{\sqrt{2}}$	$\frac{1}{2}$	0	$-\frac{1}{2}$	$-\frac{1}{\sqrt{2}}$	$-\frac{\sqrt{3}}{2}$	-1	$-\frac{\sqrt{3}}{2}$	$-\frac{1}{\sqrt{2}}$	$-\frac{1}{2}$	0
$\cos\theta$	$-\frac{1}{2}$	$-\frac{1}{\sqrt{2}}$	$-\frac{\sqrt{3}}{2}$	-1	$-\frac{\sqrt{3}}{2}$	$-\frac{1}{\sqrt{2}}$	$-\frac{1}{2}$	0	$\frac{1}{2}$	$\frac{1}{\sqrt{2}}$	$\frac{\sqrt{3}}{2}$	1

$$I_{NN'} = I_a + I_b + I_c$$

NN'之間的電流

$$= |I| + |I|\varepsilon^{j\frac{2}{3}\pi} + |I|\varepsilon^{j\frac{4}{3}\pi}$$

$$= |I|\{1 + \underline{\varepsilon^{j\frac{2}{3}\pi}} + \underline{\varepsilon^{j\frac{4}{3}\pi}}\}$$

這部份解析如下：

利用尤拉公式

$$\varepsilon^{j\theta} = \cos\theta + j\sin\theta$$

$$\varepsilon^{j\frac{2}{3}\pi} = \cos\underset{120°}{\frac{2}{3}\pi} + j\sin\underset{120°}{\frac{2}{3}\pi}$$

$$= -\frac{1}{2} + j\frac{\sqrt{3}}{2}$$

$$\varepsilon^{j\frac{4}{3}\pi} = \cos\underset{240°}{\frac{4}{3}\pi} + j\sin\underset{240°}{\frac{4}{3}\pi}$$

$$= -\frac{1}{2} - j\frac{\sqrt{3}}{2}$$

$$= |I|\left\{1 + \left(-\frac{1}{2} + j\frac{\sqrt{3}}{2}\right) + \left(-\frac{1}{2} - j\frac{\sqrt{3}}{2}\right)\right\}$$

$$= 0$$

喔—真的證明出來了呢！這樣就可以去掉一條電線，變成三條電線了。

為什麼麻雀不會觸電呢？

連續解題吧！

我已經充滿幹勁了，拼啦～

好！

接著我們再解一個問題，就結束今天的課程吧。

問題來了！

為什麼在電線上的麻雀不會觸電呢！？

麻雀

噹～

怎麼好像是小學生的問題…不過是為什麼咧？

呼呼呼…

該不會是，看起來沒觸電，但其實已經觸電了？

只是電壓沒那麼高，所以才沒事…

噗一！可惜猜錯了。

那條電線可是大約 6600V 的高壓電線※。

6600V，真是有夠高。

DANGER!

當運送的電力相等時，電壓越高、電流量越小，傳輸損失也越小。

※交流電超過 600V 就稱為高壓電。

188

$$電力 \quad 電壓 \times 電流$$
$$P = EI$$

當電流在電線中流動時，會產生「渦電流」這種漩渦狀的電流。

由於渦電流會轉換成熱，造成**電力損失**，所以為了讓渦電流變少，我們使電線中電流量變小、電壓變高。

電線雖然有包覆起來，但直接接觸還是會觸電。

6600V 觸電…！！

不得了啦，麻雀們！！

快逃吧！！！！！

別緊張～牠們不是在那很有精神的啾啾叫嗎？

你注意一下麻雀的腳！

腳……

嗯？

啾

啾

妳這麼一講，牠們都只站在一條電線上，

沒有半隻是跨在兩條線耶…？

就是這個，青沼同學！

6600
的高壓電線

雙腳的電壓都一樣

啊〜原來如此…若是像鳥的雙腳間隔那麼小，就沒有電壓差囉。

既然沒有電壓差，就不會有電流流過了！

其實像這樣只停在一條電線上，
「因爲麻雀的雙腳沒有電壓差，
所以麻雀不會感到電流流動」。

詳細說明如下：

麻雀的右腳和左腳之間
的電線電阻為零，

相較起來，麻雀身體的
電阻較大，

電阻
很大！

電阻零

所以，電流不會通過麻雀
的身體，只通過電線。

啊〜這樣我就
瞭解了。

感覺就像電不理會麻
雀而流了過去…

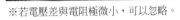

※若電壓差與電阻極微小，可以忽略。

這邊必須注意的是，如果所踩的電線不只一條時…

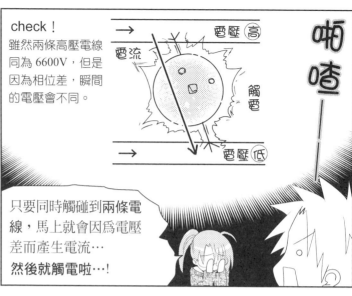

check！
雖然兩條高壓電線同為 6600V，但是因為相位差，瞬間的電壓會不同。

電壓（高）
電流
觸電
電壓（低）

啪喳——！

只要同時觸碰到**兩條電線**，馬上就會因為電壓差而產生電流…
然後就觸電啦…！

麻雀啊…
喔喔喔…

簡而言之，就是有電壓差就會觸電啦。

實際上因為麻雀身體很小，我想是沒辦法同時碰到兩條電線啦。

不過，還是有非常少數的烏鴉或是蛇觸電的案例。除了會造成停電…動物被電死還是滿令人難過呢。

認真的眼神…

最近市區街上開始使用絕緣電線※來革除觸電的問題，不過…

青沼同學，還是請你小心別觸電唷…

我…那種常識我還是有啦…！

＜絕緣電線是將通電的金屬部份包上一層絕緣體（電難以通過的物質）。

今天一整天真是
辛苦了，
　　下一次上課就是
　　　新年囉～

……啊，好，
辛苦妳了。

怎麼了？

該不會還有不
懂的地方吧？

今天是真的有點
講太多了…

只是突然…
想起來，

不…

不是那樣…

……

我還不知道橘小
姐的名字呢。

192

我在說什麼啦！！

雖然心裡是真的這樣想，但不可以說出口哩！

對對…對不起對不起！我亂說的啦！

我只是有點好奇，沒有什麼別的意思…

驚慌　矢措

…這樣啊，那…新年時在公園見囉。新年快樂。

好！新年快樂！！

呼一…

…我是不是被當作怪人啊～…

還真是第一次看到小橘表情那麼黯淡…

啊～啊…

我是不是搞砸了啊…

第 5 章

用方程式・不等式解電路問題

〈交流電路篇〉

嗚～…

一下子就到了新年了…

電力博物館

縮

…雖然有約…還是不知道小橘她會不會來…

畢竟過年前是那種道別狀況…

人家教我也是出於好意…被拒絕了也沒什麼好抱怨…

沒來的話…就放棄吧…

喂…。

青沼同學！

！！

196

1 二次方程式和二次不等式的解法

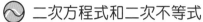

二次方程式和二次不等式

呼…今年才剛開始就來叨擾眞不好意思，

我們就趕快開始吧！

今天要多解一些工程數學的問題唷～！

電子電機工程數學問題集

工程數學的問題…？

扶眼鏡

爲了解答這一節的問題，首先我們要好好複習一下。

因爲每個人都在國高中就學過，我想很快就會回想起解題方法唷。

…如果是這樣就好啦…

$$ax^2 + bx + c = 0$$

二次方程式

$$ax^2 + bx + c > 0$$

$$ax^2 + bx + c < 0$$

二次不等式

是的

你還記得這種式子嗎？

啊，記得啊，二次方程式和二次不等式嘛。

未知數 x 的次數爲 2，就是 x^2 的式子…

198

今天要解開的問題和日常身邊的東西很有關係喔。

像這台收音機！

喔喔…收音機！

當時就是多虧有收音機支持著我啊…我會為了你加油的…！

即使是不在行的學問，只要與自己有切身關係，就會產生興趣啦～

抱緊

除此之外，我們還會談到電車和冷氣等等。

不太

不太

清楚

清楚

想像一下吧～！
提起興趣吧～！

都是平常不太會留意的東西啊～…

…啊！對耶，電車也有用電！

就是因為有使用電，才會叫電車…！

太理所當然了反而…！

過份耶！

青沼同學…你也太粗心了吧…

求解的公式

那麼請先回想一元二次方程式的解法吧。

這個方程式求解的公式如下：

求解的公式為…

$$ax^2 + bx + c = 0 \implies x = \frac{-b \pm \sqrt{b^2 - 4ac}}{2a}$$

啊～我記得我有背過這個…

重點在根號裡！

$$x = \frac{-b \pm \sqrt{\boxed{b^2 - 4ac}}}{2a} \quad \leftarrow \text{判別式 D}$$

$b^2 - 4ac$ 我們稱爲判別式D。

根據這個D的數值，我們可以判斷二次方程式的解有幾個。

二次方程式與解的個數，關係如下：

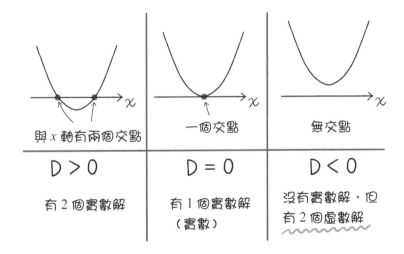

與 x 軸有兩個交點	一個交點	無交點
D > 0	D = 0	D < 0
有 2 個實數解	有 1 個實數解（實數）	沒有實數解，但有 2 個虛數解

原來如此，當 $b^2 - 4ac < 0$，也就是根號中是負數時，解就會是虛數。

因為在求解的公式裡有正數和負數，所以解就變兩個了⋯

沒錯！畢竟虛數本來就是為了解出D＜0的二次方程式而誕生的（參照P.154）

而且當D＜0時，複數的解可以表示成下面這樣！

$$x = \frac{-b \pm j\sqrt{4ac - b^2}}{2a} = -\frac{b}{2a} \pm j\frac{\sqrt{4ac - b^2}}{2a}$$

實部　　　　　虛部

哇～！求解的公式也可以將實部和虛部分開來看呢。

我們就來解看看一般的二次方程式吧。
因式分解的部份，會在以下說明。

請解 $x^2 + 3x + 2 = 0$

【解法】

由於等號左邊是可以因式分解的形氏，所以我們進行因式分解來求答案。

$$(x + 2)(x + 1) = 0$$

這個方程式只要能滿足 $x + 2 = 0$ 或 $x + 1 = 0$ 即可，

答案是 $x = -2$ 或 $x = -1$

另外，當碰到難以因式分解的二次方程式 $ax^2 + bx + c = 0$ 時，

也可以用公式求解，

$$x = \frac{-b \pm \sqrt{b^2 - 4ac}}{2a}$$

多項式的因式分解

. . . .

 因式分解…聽到這四個字就會出現不好的回憶…！

 放輕鬆，我們就先來複習「因式分解」的意義吧。

$$(x-2)(x-3) \xrightarrow[\text{因式分解}]{\text{展開}} x^2-5x+6$$

因式

所謂的因式分解，就是將一組多項式，用兩組以上的多項式乘積來表示。
而相乘起來的各組多項式，我們就稱為因式。

 啊，所以這名詞的意思就跟字面一樣，是要將式子分解成因式。
如果想成「這只是將展開算式的過程顛倒」，感覺就會比較輕鬆…

 就是啊～，以下是重要的公式，一起來認識吧！

因式分解的公式

1. $ma + mb = m(a+b)$ ……將共同的因式提出來。
2. $x^2 + (a+b)x + ab = (x+a)(x+b)$ …… 和為 $(a+b)$、積為 ab
3. $x^2 + 2ax + a^2 = (x+a)^2$ …… 上一式 $a=b$ 時
4. $x^2 - 2ax + a^2 = (x-a)^2$ …… a 為負時
5. $x^2 - a^2 = (x+a)(x-a)$ …… 兩個平方數的差
6. $acx^2 + (ad+bc)x + bd = (ax+b)(cx+d)$ …… 一般的因式分解
7. $a^3 + b^3 = (a+b)(a^2 - ab + b^2)$
8. $a^3 - b^3 = (a-b)(a^2 + ab + b^2)$

那我們就趕快運用 202 頁的「公式 6」來解一般的因式分解吧。

 數學例題

請因式分解 $5x^2 - 7x - 6$ 。

【解法與答案】根據公式 6 得知 $ac = 5$、$ad + bc = -7$、$bd = -6$，求出 a、b、c、d 即可。

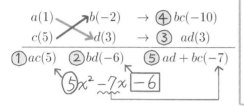

計算過程的順序
① 思考 a 與 c 會是什麼值，使得 $ac = 5$
② 思考 b 與 d 會是什麼值，使得 $bd = -6$
③ 十字交乘，得到 ad
④ 十字交乘，得到 bc
⑤ 若 $ab + bc$ 得到 -7 那就是正確答案！

如此得出 $a = 1$、$b = -2$、$c = 5$、$d = 3$，因此
$$5x^2 - 7x - 6 = (x - 2)(5x + 3)$$

嗯嗯，我瞭解因式分解了…不過因式分解到底有什麼用啊…

這個嘛，我在這舉個簡單的例子。
請你馬上心算出 61×59，來吧！

咦？根本沒辦法心算啊！

呼呼，其實這可以用到剛剛的「公式 5」！
用 $x^2 - a^2 = (x + a)(x - a)$ 就能得到答案了。
$61 \times 59 = (60 + 1)(60 - 1) = 60 \times 60 - 1 \times 1 = 3600 - 1 = 3599$
…這樣在腦中就能算出來囉，既簡單又方便吧～

真的耶，原來這麼簡單…！

瞭解因式分解，就能有許多方法來因應數學算式。
你對數字的直覺會大有進步，處理數學算式也會變得更厲害。

∿ 聯立不等式的解法

我們先來回想一下聯立不等式的解法吧。

在此我們將同時滿足各式答案的數字範圍稱為解。

如果這個範圍不存在，就表示無解。

$$請解 \begin{cases} 3x - 2 > 4 \\ x + 2 \leq 7 \end{cases}$$

【解法與答案】不等式 $3x - 2 > 4$，可整理為 $3x > 6$，

兩邊再同除以 3，就得到 $x > 2$。

不等式 $x + 2 \leq 7$，整理後為 $x \leq 5$。

因此取同時滿足雙方答案的數字範圍，就是 $2 < x \leq 5$。

啊，這種「同時滿足的範圍」，在日常生活也常常會碰到耶。

像我在找公寓時，我一個月能支付的租金在 5 萬日圓以下。

然後符合條件的出租屋，大多租金比一個月 2 萬日圓還高。

那麼我能租的就是「2 萬日圓以上，5 萬日圓以下」的房子了。

嗯嗯，就是這種感覺。這時如果只有 6 萬日圓以上的房子可租，那

就無解了——也就是沒有能租的房子。

真是令人難過的例子…。

～ 二次不等式的解法

接著來談二次不等式的解法。

要解出二次不等式，必需先從二次方程式想起。

$$ax^2 + bx + c = 0$$

請想想當這個公式含有兩個實數解的情形。

我們將這兩個實數解設為 α 和 β。

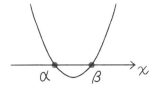

嗯，$\alpha < \beta$ 嘛。

此時，二次不等式的解就像下面這樣：

$ax^2 + bx + c > 0$ 的解是	$ax^2 + bx + c < 0$ 的解是
$x < \alpha, x > \beta$	$\alpha < x < \beta$

喔，由於原本式子的不等號方向不同，解也會不一樣耶。

對！所以請務必要仔～細注意不等號的方向喔。

2 收音機的工程數學問題

什麼是調諧？

接下來進入與收音機有關的話題吧！

青沼同學，請你像平常一樣收聽收音機。

啊，好。

要這台機器正常運作，可是有訣竅的唷。

首先要這角度輕輕舉起，然後聚精會神…

這台機器很老舊了嘛…

啊嗒！！！

嗶嗶、嘎嘎嘎、嘶嘶

恭喜它活過來了。

那就請你轉到想聽的電台節目吧～

現在這時段…想聽的節目是…

嗯？

話說回來，收音機是用頻率作頻道轉換呢。

旋轉旋鈕，等於是將想聽的節目頻率指定給收音機…

對！青沼同學真是敏銳！

大家都知道收音機可收聽到各種不同的電台吧？其實收音機的原理就是讓聲音訊息乘載在電波中播放出來。

收音機就是用來接收各廣播電台發送出來的訊號。

廣播電台範例

AM	FM
TBS RADIO 954KHz	TOKYO FM 80.0MHz
文化放送 1134KHz	J-WAVE 81.3MHz
日本放送 1242KHz	Inter FM 76.1MHz
NHK 第一放送594KHz	NHKFM 82.5MHz

※以上電台限於日本東京地區

換句話說，雖然沒有收音機就聽不到廣播，但是平常隨時都有許多電台的無線電波在我們的身邊飛來飛去。

而選台的動作，其實就是從這些傳送的電波當中，選取一個我們想接收的電波（電流）頻率。

選擇頻率時若沒有調準，就會接收到雜音～

這是因為收音機混淆接收了多種無線電波的關係。

原來如此…

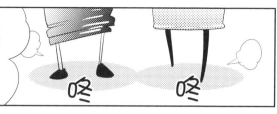

像收音機這樣選取某個特定頻率的電流，我們稱爲「調諧」。

而調諧絕對不能缺少的是…

哇…！又出現啦…

線圈和電容！

當你爲了選台而旋轉旋鈕時，收音機裡的線圈和電容就開始工作。

調諧就是線圈和電容一同工作所產生的結果！

登

場

原來啊…當時…

眞是太感激你們的幫忙啦…！

呼…好令…

嗚嗚…

？？

聖誕節的回憶。

🌀 共振頻率

 接下來要詳細講解「調諧」的組成～
首先請回想一下線圈和電容的特徵。

感抗（交流電中線圈的電阻）與頻率呈正比，
容抗（交流電中電容的電阻）與頻率呈反比，
這些有講過對吧！（參照P.120）

 啊，這些前面真的都有講過耶，兩者特性剛好相反呢。

 這一點很重要！將相反特性的線圈與電容組合起來，就能製造出負責調諧機能的電路－「調諧電路」。

請看下方的圖表。
這是感抗和容抗依據頻率變化的情形。
當我們讓頻率逐漸改變時，在某個特定的頻率上會突然發生很大的變化。

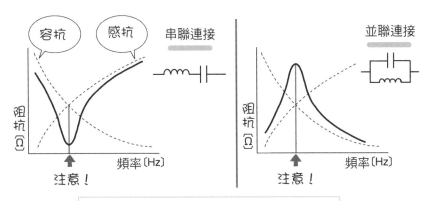

線圈和電容的調諧電路
（感抗和容抗隨頻率變化）

 喔！在感抗和容抗兩條曲線的交會位置上，阻抗的大小發生急遽的變化耶。

是的！這個產生劇烈變化的地方，我們稱爲調諧點，這時的頻率就稱爲共振頻率。

就以串聯連結爲例吧。
在此，阻抗最小的頻率，就是「共振頻率」唷。

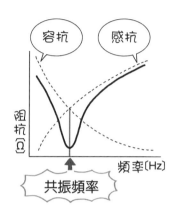

 這樣啊，所以當處於在共振頻率時，串聯電路的阻抗最小。
根據歐姆定律，此時的電流最大。

 答對了！回想一下剛剛我們談到的收音機選台。
舉個頻道爲例…比如我們想要收聽NHK東京第 1 放送 594Hz…
只要讓收音機的頻率（594kHz）變成共振頻率就可以了！

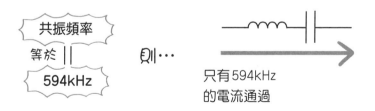

由於這頻率上的電阻最小、電流最大，就能聽到我們想要的頻率了。
此時對於其他頻率而言，卻是電阻變大，於是不需要的頻率就不會混雜在一起囉～

原來如此…！這是選取特定電流「調諧」所產生的效果。

線圈和電容的運作，就是要讓這個效果產生。

是因為如此才叫調諧電路吧。

…嗯？但是，要怎麼樣才能使特定的頻率（例如 594kHz）成為共振頻率呢？

收音機含有可變電容這個東西。

正如其名，可變電容是可以改變電容的容量（＝靜電容量、電容量）的零件。

可變電容的電路符號

啊，我好像知道！

電容容量改變，容抗會變，共振頻率也會變。

這是因為可變電容「將特定頻率調整成為共振頻率」的緣故。

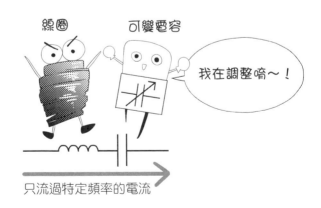

只流過特定頻率的電流

嗯嗯，看來你已經瞭解調諧與共振頻率囉。

那我們就綜合前面所講的，來解問題吧！

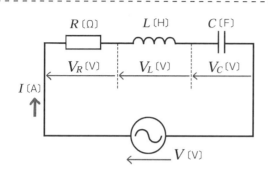

求出此RLC串聯電路的共振頻率f。設角頻率為 $\omega = 2\pi f$。

呃…
到底怎麼樣才能求出共振頻率f啊…

首先請回想共振頻率的定義。
以串聯連接來說，「共振頻率」就是使該電路的阻抗變最小的頻率。
也就是說，我們只要觀察阻抗大小，找出最小的情形就好。

原來如此，RLC 串聯電路的阻抗 Z，我們以前就有求過了！（參照 P.172）

是的，由於在阻抗的公式裡有用到 ω，因此我們就來利用角頻率$\omega = 2\pi f$，求出 f 吧。

 解答

這組電路的阻抗 $\dot{Z}$ 是

$$\dot{Z} = R + j\left(\omega L - \frac{1}{\omega C}\right)$$

由此可知，阻抗的大小 $|Z|$ 是

$$|Z| = \sqrt{R^2 + \left(\omega L - \frac{1}{\omega C}\right)^2}$$

因為共振頻率 f 是使這個 $|Z|$ 變成最小的頻率，所以

$$\omega L - \frac{1}{\omega C} = 0 \quad \leftarrow\text{如此則}\sqrt{}\text{裡頭就變最小了！}$$

只要求出使上式成立的角頻率 ω，再轉換頻率即可。

point! 因為最後要求的是 f，我們要注意 ω。

這個方程式可以改寫成 $\omega^2 LC - 1 = 0$ （全體同乘以 ωC）

$$\omega^2 = \frac{1}{LC}$$

就可得到

$$\omega = \pm\frac{1}{\sqrt{LC}}$$

但是在物理上不會有負的頻率，

因此 $$\omega = \frac{1}{\sqrt{LC}}$$

由 $\omega = 2\pi f$ 得到 $$f = \frac{1}{2\pi\sqrt{LC}} \quad \text{Hz}$$

哇～！從這個式子我們可以看出，共振頻率大小與線圈和電容有關呢。

電晶體的放大效應

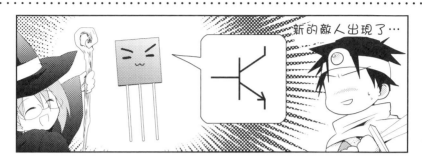

那麼我們就繼續來談收音機囉。

在實際運作的收音機當中，除了調諧以外，還會同時進行「放大」的作用。

這是使調諧得到的特定頻率電子訊號變得更大。

由於在放大時會使用到電晶體，電路因此變成電子電路了。

嗯？電晶體？電子電路？這和之前的電路有什麼不同嗎？

是的。從現在起我們講的不是電路，而是更複雜的電子電路。

電子電路除了RLC以外，還包括半導體元件的二極體及電晶體。

二 極 體	電 晶 體
電流朝三角形指向的方向流動，不會朝反方向流動。	對於放大或電流流通，具有開關的作用。

喔喔～好高科技的感覺唷，但是電流的流動好像變難了⋯

不要想太多，我們來探討吧～

現在請來看這個調諧放大電路！

214

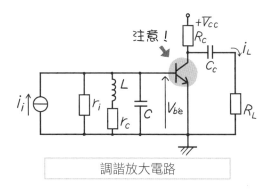

注意！

調諧放大電路

嗚，好像很難⋯馬上就出現電晶體了。

是呀，這邊要請你注意電晶體！

電晶體有三種端子，分別是射極（Emitter）、基極（Base）、集極（Collector）。運用這三種端子，就能夠達到放大的效果。

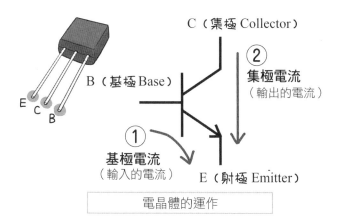

電晶體的運作

那麼，電晶體究竟是如何放大的呢⋯？

當電路被施予電壓時，基極和射極之間就會有電流流動。

我們稱爲「①基極電流」。

由於這個基極電流造成的作用，集極和射極之間也會有電流流動。

我們稱爲「②集極電流」。

嗯嗯，多虧基極電流，集極電流才能流動⋯

喔，這裡可就重要囉，話說這個集極電流，
居然會是基極電流的數十到數百倍！

什麼！增加的也太多了吧！？

沒錯，這就是電晶體的放大功能。
我們稱基極電流為輸入電流，集極電流為輸出電流，兩者的比例稱
為「電流增益」。
電流增益就是電流增加程度多少。

$$電流增益 \quad A_i = \frac{i_{out} \quad (輸出電流)}{i_{in} \quad (輸入電流)}$$

check！ A_i 只要大於 1，
由於輸出電流＞輸入電流，所以是「增益」。

嗯，能讓電流這樣增加，電晶體真是厲害耶。

是呀，不過電晶體雖然如此風光，還是有問題所在…
只要一有電晶體出現，電路分析就會很麻煩。

求阻抗、頻率響應※、電流增益等等，有包含阻抗的電路，會變得
相當難計算。
※頻率響應是指頻率與某種物理量的關係。
　可對應頻率畫出變化的圖表，詳細請見 P.219。

這～個嘛…那該怎麼辦才好？

呼呼，解決這個問題的方法就是「等效電路」唷～

等效電路？

◯ 等效電路

簡單來說，等效電路就是「將電路的電晶體等元件代換成RLC或電源，將電子電路改寫爲一般電路」。

一起來看看調諧放大電路的等效電路吧！

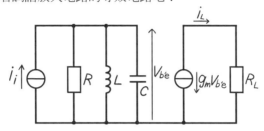

> 由調諧放大電路簡化而成的射頻等效電路

※所謂的射頻又稱無線電頻率，是指例如無線電波這種高到人類耳朵聽不到的頻率。

相對的，聲頻則是人耳聽得見的低頻率。

啊，眞的比剛剛清楚多了！電晶體也不見了。

不過還是有些不太熟悉的符號…看不懂的名詞…

看起來是有點難啦～簡單來說就像這樣：

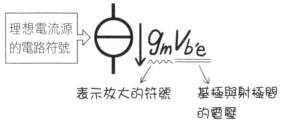

理想電流源是能夠永久持續產生電流的理想裝置，這是為便於解析電路問題而出現的理論性元件。

總而言之！這份電路圖當中最重要的是，電路左邊代表輸入端，右邊是輸出端。

下圖看起來比較容易理解：

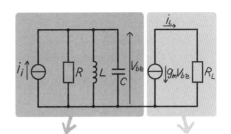

i_{in}（輸入電流）　　　　　i_{out}（輸出電流）

 喔喔！分得真清楚呢。呃，所以只要求出各別的電流，算出兩者的比例就知道電流增益嘍。

 就是這樣～
直接講結論，這個電路的電流增益就像下面的式子。
你先不用管計算過程，只要認識這個式子，知道是這麼一回事就好了。

$$A_i = \frac{-g_m R_L}{1 + jR\left(\omega C - \dfrac{1}{\omega L}\right)}$$

←輸出電流

←輸入電流

 哇喔～這下子就一目瞭然了。

 接著透過運用等效電路，我們就知道調諧放大電路的電流增益。這裡還有一個你一定要好好記住的重點！

 呃，還有什麼啊…？

 青沼同學，你還記得我們稍早之前講過的共振頻率嗎？（參照 P. 209）

 這個嘛，我記得是線圈和電容一起工作…
在共振頻率上，阻抗（交流電的電阻）最小，電流最大，是這樣沒錯吧？

 答對了！其實共振頻率和這次討論的電流增益有非常密切的關係呢。

請看下面的圖，這張圖的橫軸為頻率。
縱軸則是電流增益的大小。

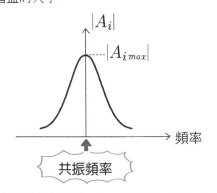

共振頻率

在調諧放大電路中，電流增益的頻率響應曲線

※像這樣表示某種物理量與頻率的關係，我們稱為頻率響應。

從這張圖看來…在共振頻率上的電流增益最大！
哇～！共振頻率在這邊也很重要呢。

就是呀～！請好好記住這種特性唷。
在此先做個總結吧。
當青沼同學旋轉旋鈕，要把頻率調到你喜歡的節目頻道時，收音機
裡發生了什麼事呢？

我想聽的頻道是…

嗯，可變電容開始動作，使頻率變成共振頻率。
變成共振頻率時，阻抗（交流電的電阻）最小，電流最大。
同時，電流增益也變最大。

完全正確～青沼同學。
那就緊接著來解問題吧～！

 **問題** 求出可變電容的範圍！

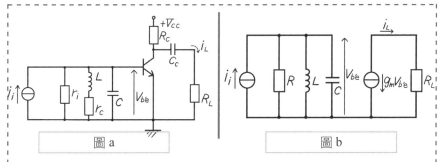

圖 a

圖 b

請對圖a所示的調諧放大器設定可變電容C的調變範圍，使之能夠接收 AM 廣播。圖a的等效電路如圖 b 表示，L ＝ 1〔mH〕、540〔kHz〕＜ f ＜ 1600〔kHz〕。

（※圖a、圖b和P.215、P.217 的電路圖一樣。）

 **如何思考**

呃，可以收得到廣播電台，就是表示調諧放大器的電流增 益為最大吧。

是的！這個調諧放大器的電流增益剛剛出現過。

$$A_i = \frac{-g_m R_L}{1 + jR\left(\omega C - \dfrac{1}{\omega L}\right)}$$

想一想什麼時候它會變最大吧。
請回想一下角頻率 $\omega = 2\pi f$、$f = \dfrac{\omega}{2\pi}$。

嗯嗯，問題裡的 f 和電流增益公式裡的 ω 似乎有所關聯呢。

這個調諧放大器的
電流增益為

$$A_i = \cfrac{-g_m R_L}{1 + jR\left(\omega C - \cfrac{1}{\omega L}\right)}$$

　求出使這式子大小變最大的 $f = \dfrac{\omega}{2\pi}$，就求出收得到電台的頻率了。使 A_i
最大化的頻率 f（角頻率 ω），可由

$$\omega C - \frac{1}{\omega L} = 0 \quad \text{求出。}$$

point!　A_i 的分母若是最小，則 A_i 的大小會變最大。

能滿足這個公式的 ω 是 $\omega = \pm \dfrac{1}{\sqrt{LC}}$

但因為 $\omega > 0$，所以 $\omega = \dfrac{1}{\sqrt{LC}}$
　不存在負的頻率

為了使角頻率化成 ω，C的值是

$$\omega^2 = \frac{1}{LC} \quad \text{（兩邊同時平方）}$$

$$\omega^2 L C = 1$$

因此，
$$C = \frac{1}{\omega^2 L} = \frac{1}{4\pi^2 f^2 L}$$
　$\omega = 2\pi f$ 代入

point!　接著將 f 和 L 的值代入 C 式。

從問題可知，L = 1〔mH〕、540〔kHz〕$< f <$ 1600〔kHz〕
f = 540〔kHz〕時，$C \approx 86$〔pF〕，
f = 1600〔kHz〕時，$C \approx 10$〔pF〕。

由此可知，可變電容C的數值約為 10〔pF〕$< C <$ 100〔pF〕
（※關於這個答案，下一頁會更詳細說明。）

…呃，呃…剛剛的問題，最後我變得不太懂…
計算結果明明是「86」，為什麼答案卻是「大約 10 到 100」呢？
86 變成大約 100！再怎麼說，這也太隨便了吧…

啊，對不起，會那樣做是有原因的！
其實電容的容量值（國際標準值）是這樣決定的：

E3 系列：以 10、22、47 為基數的倍數值
E6 系列：以 10、15、22、33、47、68 為基數的倍數值

所以 86 左右的數字，就會變成 100 了。

喔喔，原來不是隨便矇混的耶！

當然啊。另外，可變電容是為了能夠自由變化成這些數值才創造出來的～

這樣啊…
最後還必須具備可變電源的知識，真是討厭的問題…

另外，電容的單位是 F（法拉），但實際上常用到的是 pF（皮法拉，picofarad）和 μF（微法拉，microfarad）。

$$P\ (\text{Pico}) \qquad 10^{-12} = \frac{1}{10^{12}}\ (-兆分之-) \qquad\qquad \mu\ (\text{Micro}) \qquad 10^{-6} = \frac{1}{10^{6}}\ (百萬分之-)$$

嗯嗯，問題雖然很難，但總算抓到一些概念了。
多虧調諧放大電路我才能聽到廣播呀！

嗯這個，我不好意思說…
調諧其實只是要聽廣播的第一步而已！
實際使用收音機聽廣播時，還要經過許多程序。

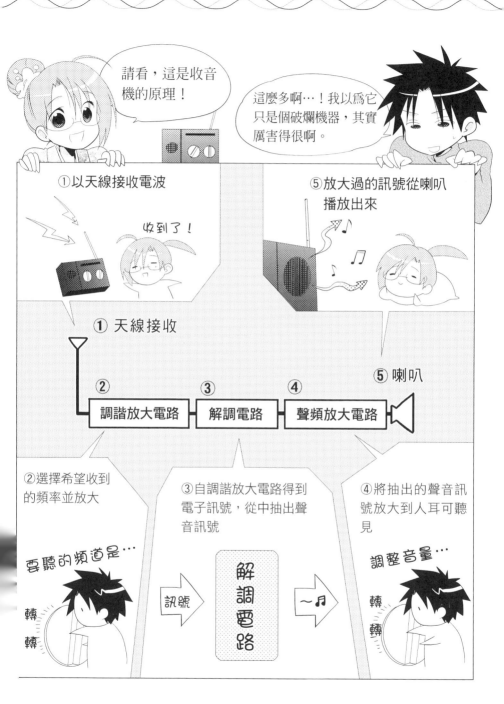

3 功率因數的工程數學問題

改善功率因數的兩個方法

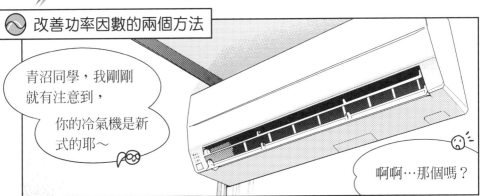

青沼同學，我剛剛
就有注意到，

你的冷氣機是新
式的耶～

啊呵…那個嗎？

之前裝設的是舊式冷氣，機能不好…
但是不用的話，夏天又會熱死..

房東人很好，看不下去
就幫我裝了一台新的。

炎熱

融化…

房東

OROI
OROI
…！

而且舊式冷氣很耗電
耶～

所以他幫我換裝，我
真的很感激呢！！

就是呀～

那我們接下來
來講電費吧。

我想你有去家電行就知道,現在的家電製品漸漸都開始節能化了。

的確,現在都會有節能效率的標語。

家電比以前耗電量減少了。

這是靠多方努力才有的成果…不過話說回來,「節能」究竟是什麼?為什麼這會變成商品的賣點呢?

嗯…這麼一講,是為什麼呀…?

節能的意思就是減少消耗的能量,以電來說就是耗電量減少。

節能
＝
耗電量減少
＝
改善功率因數!

而耗電量減少也就是「功率因數有所改善」的意思。

改善功率因數主要有
(1)控制虛功率
(2)控制換流器
這兩種方法,

我們接著就來討論這兩點吧!

(1) 控制虛功率

(2) 控制換流器

（1）控制虛功率

（1）控制虛功率

首先來談
⑴控制虛功率。

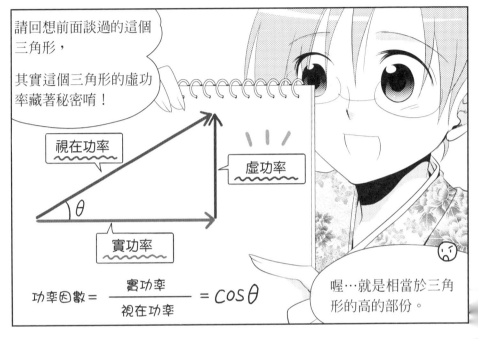

請回想前面談過的這個三角形，

其實這個三角形的虛功率藏著秘密唭！

視在功率

虛功率

θ

實功率

$$功率因數 = \frac{實功率}{視在功率} = \cos\theta$$

喔…就是相當於三角形的高的部份。

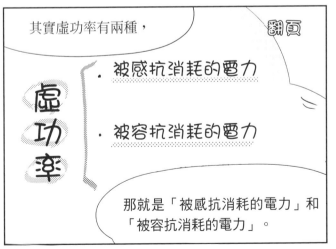

其實虛功率有兩種，

翻頁

虛功率

・被感抗消耗的電力

・被容抗消耗的電力

那就是「被感抗消耗的電力」和「被容抗消耗的電力」。

感抗與容抗啊…

似乎有聽過…

哈嘻哈嘻

快想起來啊～

226

啊，是他們！

是線圈和電容唷！

嗯！

感抗是交流電中線圈的電阻，容抗是交流電中電容的電阻（參照 P.120 和 P.122）。

在此我們要用向量來探討。

寫

「被感抗（線圈的電阻）消耗的電力」是落後的虛功率，「被容抗（電容的電阻）消耗的電力」是前進的虛功率，在向量裡的關係就像這樣。

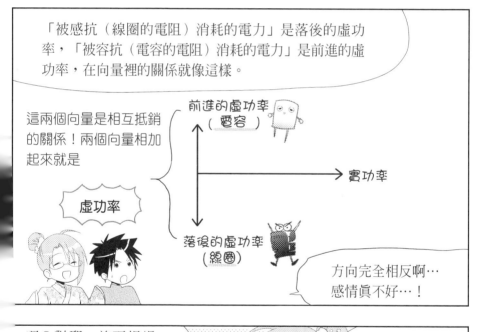

這兩個向量是相互抵銷的關係！兩個向量相加起來就是

前進的虛功率（電容）

實功率

虛功率

落後的虛功率（線圈）

方向完全相反啊…感情真不好…！

嗯？對耶，前面提過線圈和電容是產生相位的原因吧…？

對呀～

這個向量相互抵銷的性質，會影響到相位和功率因數～

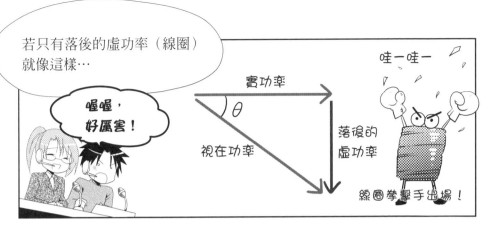

若只有落後的虛功率（線圈）就像這樣…

喔喔，好厲害！

實功率

θ

視在功率

落後的虛功率

哇－哇－

線圈拳擊手出場！

但是加入前進的虛功率（電容）則變成這樣。

帕

實功率

θ

視在功率

前進的虛功率

抵銷

揮拳！

喔喔喔！電容的這一拳出現效果了！！

三角形改變了！！線圈的落後虛功率受到重擊！

沒錯！

三角形的形狀改變了…換句話說就是 θ（角度）改變了！

青沼同學，θ 是什麼呢！

什麼！啊！

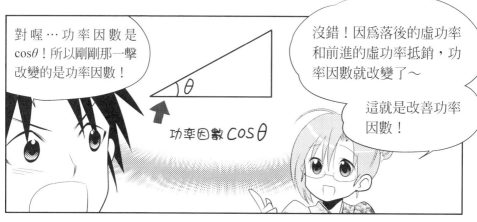

對喔…功率因數是cosθ！所以剛剛那一擊改變的是功率因數！

功率因數 cosθ

沒錯！因爲落後的虛功率和前進的虛功率抵銷，功率因數就改變了～

這就是改善功率因數！

就像這樣，改善功率因數的背後，其實是線圈和電容的熱血故事呢…

因爲他們勢均力敵、相互抵銷，才減少了虛功率而達到節能效果…

友情…

好帥…

原來如此…所以改善功率因數就是控制虛功率…

像這樣催趕著落後的虛功率來改善功率因數的電容，稱爲進相電容※。

多虧了電容，才能夠節能啊～

是喔…

但是那樣不就是用落後的虛功率（線圈）去拖慢前進的虛功率（電容）嗎？

如果是這樣，只使用電容不就可以了嗎…

什麼～

嗯，不是這樣唷。

※進相電容是「因功用而取的名稱」，而不是像可變電容代表「某物件的名稱」。

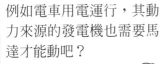
例如電車用電運行，其動力來源的發電機也需要馬達才能動吧？

是呀。

而這馬達裡若沒有線圈是動不了的。

我是絕對不可或缺的！！

對於許多需要用電來運作的東西而言，線圈是絕對必要的。

電車的運作結構是這樣。

是將電容並聯，使得虛功率變少。

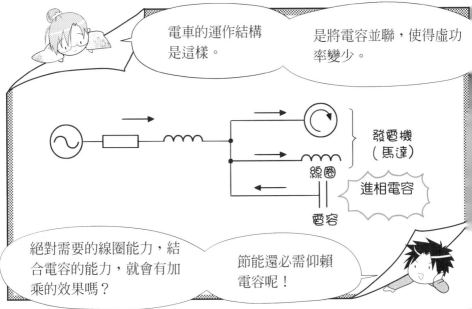

發電機（馬達）

線圈

進相電容

電容

絕對需要的線圈能力，結合電容的能力，就會有加乘的效果嗎？

節能還必需仰賴電容呢！

進相電容掌握改善功率因數的真相…原來是這樣啊…

進相…
真相…

妳…妳幹麼忍住笑啊？

想笑就直接笑出來好啦——！！

憋笑
憋笑

230

（2）控制換流器

接著要講另一個改善功率因數的方法，也就是控制換流器（反相器）。

換流器…？那是什麼東西。

換流器是「將直流電轉換成交流電的裝置或電路」。
在空調或電車中都有它的存在喔～

什麼…直流電轉換成交流電？為什麼要做這種事？
原本空調或家電不都是接收插座傳來的交流電而運作的嗎…？
※電車有用直流電的類型，也有用交流電的類型。

呵呵呵，其實換流器這裝置的目的就是「任意改變頻率」。
請看這張圖～

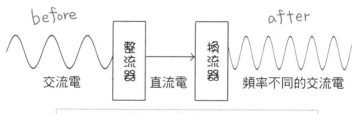

用整流器和換流器改變頻率

換流器與整流器是一組的。
整流器首先將插座產生的交流電轉換成直流電，再利用換流器變換成其他頻率的交流電。

是喔～！頻率可以這樣被改變嗎？

是呀，透過換流器和控制裝置的配置，能夠達成許多任務呢。
任意改變頻率，就表示能夠任意改變馬達的轉數，因此非常方便呢。

例如，某些電車是以換流器改變頻率來調整速度。

而冷氣機則是因為換流器才可以調節溫度。

若沒有換流器，馬達就只有ON（完全啟動）和OFF（停止）～也就是說難以「保持恆溫」。

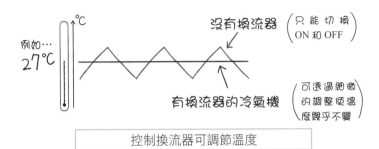

例如…
27℃

沒有換流器（只能切換ON和OFF）

有換流器的冷氣機（可透過細微的調整使溫度幾乎不變）

控制換流器可調節溫度

溫度若維持固定，能減少無謂消耗的電力。

因此控制換流器既方便又節能呢。

 這能理解。老是開開關關，電費一定很貴！

 這邊還有個你該牢牢記住的地方…

其實，頻率與功率因數有很密切的關係唷。

請回想一下吧。

容抗（電容）與頻率成"反比"

感抗（線圈）與頻率成"正比"（參照P.120）

因此「高過某個頻率會使容抗處於不利狀態，卻反而對感抗有利，結果造成功率因數變差」。

232

啊，功率因數變差的話，就不能改變頻率了～
該怎麼辦才好啊…嗯…

請放心～舉個例子，以電車來說——
當速度隨頻率而改變時，電容也會同時進行調整。
由於容抗（電容）會依照頻率而進行調整，就可達成功率因數改善
了。

哇——！電容真厲害啊，毫無破綻！

另外在冷氣機的狀況，電容也有它的招式。
現在因為冷氣機已具備調節溫度的功能，可以想見運轉時間變更長。
其中「調到合適溫度後，溫度維持固定的狀態」此時運轉時間會最
為長久。
所以改善功率因數後，電費也變便宜了。
※冷氣機的電費變便宜還有其他理由，請參照P.241。

嗯，所以是因為控制換流器，讓馬達得以調整運轉，同時能進行改
善功率因數嘍。

沒錯～！那麼我們就來對改善功率因數做個結論。

> 將 R、L、C 結合頻率 f 來計算功率因數。
> 改善功率因數的方法有兩種：
> ⑴控制 C ・・・・・・・・・　　**控制虛功率**
> ⑵控制 f ・・・・・・・・・　　**控制換流器**

改變頻率 f，用換流器很方便，電容 C 也有很大的作用呢。
空調適溫對身體比較好，節能又省錢。

就是這麼回事，接下來我準備了與功率因數有關的問題唷～！

…真是傷腦筋…。

 求出頻率的範圍！

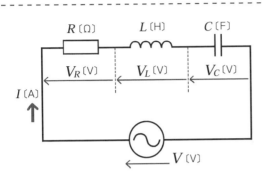

在RLC串聯電路裡，若功率因數要在 86.6% 以上，請表示出應有的電源頻率 f 範圍。此外請將功率因數 86.6% 時的功率因數角視為 30°。

 如何思考

嗯，剛剛妳說功率因數與頻率有關係，這我明白…
不過這問題該從何處下手呀…

 請回想一下，功率因數是用 $\cos\theta$ 表示吧？
要探討這個 $\cos\theta$，只要想像在複數平面上的阻抗三角形就可以了。

阻抗三角形？第一次聽到。
是以三角形來表示阻抗嗎？

 是的～像這裡有個 RLC 串聯電路。
電路的電阻為 R，電抗為 X，阻抗為 Z，三者之間的關係可以用以下的直角三角形表現出來。

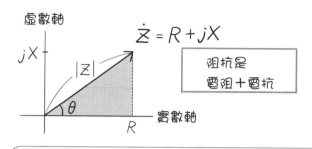

$$\dot{Z} = R + jX$$

阻抗是
電阻＋電抗

此時功率因數就是 $\cos\theta = \dfrac{R}{|Z|}$

原來如此！如果是 RLC 串聯電路的阻抗或電抗，我們在前面的問題就做過了。我好像明白了。

A. 解答

RLC 串聯電路的阻抗是

$$Z = R + j\left(\omega L - \frac{1}{\omega C}\right)$$

因此功率因數$\cos\theta$ 是

$$\cos\theta = \underbrace{\frac{\sqrt{3}}{2}}_{cos30°} < \frac{R}{\sqrt{R^2 + \left(\omega L - \dfrac{1}{\omega C}\right)^2}}$$

由於這個式子非常複雜，我們代換成 $\tan\theta$ 來思考。

 **point!** 若已知三角形的圖形，就能夠使用 $\tan\theta$ 來取代 $\cos\theta$。

$$\tan\theta = \frac{\omega L - \dfrac{1}{\omega C}}{R} < \underbrace{\frac{1}{\sqrt{3}}}_{tan30°}$$

以$\tan\theta$來解題時，
要注意不等號方向
會變！

下一頁將進一步整理這個式子。

整理這個式子，

$$\tan \theta = \frac{\omega L - \dfrac{1}{\omega C}}{R} < \frac{1}{\sqrt{3}}$$

$$\omega L - \frac{1}{\omega C} < \frac{R}{\sqrt{3}} \quad （全部乘以 R）$$

$$\omega^2 LC - 1 < \frac{\omega CR}{\sqrt{3}} \quad （全部乘以 \omega C）$$

整理可得， $\qquad \sqrt{3}\omega^2 LC - \omega CR - \sqrt{3} < 0$

由於我們只要求出能使①成立的 $\omega = 2\pi f$。

在此將 $\sqrt{3}\omega^2 LC - \omega CR - \sqrt{3} = 0$ 的解，設為 $\alpha,\ \beta\ (\alpha < \beta)$，故①的解就變成 $\alpha < \omega < \beta$。

point! 請運用解的公式（參照 P.200）。

$$\alpha = \frac{CR - \sqrt{C^2 R^2 + 12LC}}{2\sqrt{3}LC} < 0 \quad , \quad \beta = \frac{CR + \sqrt{C^2 R^2 + 12LC}}{2\sqrt{3}LC}$$

$$(\alpha < 0)$$

由於負數的頻率在物理上沒有意義，故

$$0 \le \omega < \frac{CR + \sqrt{C^2 R^2 + 12LC}}{2\sqrt{3}LC}$$

將分母有理化後得到 $0 \le \omega < \dfrac{\sqrt{3}CR + \sqrt{3(C^2 R^2 + 12LC)}}{6LC}$

point! 去除分母的 $\sqrt{\ }$，稱為分母有理化。

$\omega = 0$ 時，代表是直流電。
因為直流電沒有相位，功率因數當然是 100%！
在要求範圍時，請不要漏掉 $\omega = 0$（直流電）的情況喔！
另外也務必記住阻抗三角形～！

熱泵

呼，講得太過熱烈了，

借我開一下冷氣吧。

我開☆

嘿

等一下——！！

妳又不是不清楚我最近很窮！雖然是節能冷氣但也不是免電費啊！

窗戶打開就是超涼快的天然冷氣嘛！

喀啦

嗚呼呼，開玩笑啦～

玩笑…
……啊……

其實，空調之所以能這麼神奇，是多虧有「熱泵」的技術。

現在熱泵除了冷氣以外，還用在各種領域，可說是地球暖化的逆轉牌！

妳這麼一講，空調能送冷風也能送暖風，實在是很神奇…

呵呵呵…最後要講的就是這個。

電的原理

來看看這本手冊吧！

熱泵是什麼？

◆熱泵的兩種特徵，冷卻和加熱◆

「熱泵」是聚集空氣中的熱，將之轉換成能量的技術。
從無處不在的空氣中取得能量，實在是很厲害的技術呢。

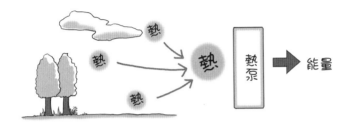

熱泵是近年特別受矚目的節能技術…
其實這技術從很久以前──超過 100 年前就存在了，人們將之廣泛利用
在冰箱或冷氣等冷卻用途中。

那麼，為什麼最近熱泵才受到大家注意呢？

其實是因為大家發現，原來熱泵不但
可以用來「冷卻」，還可以用來「加
熱」。

現在熱泵還應用在暖氣機
和熱水器中。

◆為什麼能夠從空氣取得能量呢？◆

物質有種特性，當你壓縮或膨脹物質時，溫度會產生變化。
壓縮氣體（空氣）溫度會變高，膨脹則溫度下降。
熱還有從高溫處移向低溫處的特性。
熱泵就是善加利用這些特性的裝置。

熱泵裡有裝設一種叫「冷媒」的物質。
冷媒在溫度變化時，扮演不可或缺的角色。
桶裝瓦斯（氣體）也是透過壓縮形成液體。

> 冷媒的種類有氟氯、氨和二氧化碳等等，現在二氧化碳已經是主流了唷～

壓縮或膨脹冷媒，溫度就會產生變化。
利用這種溫度變化，就能夠進行冷卻或加熱。

吸收並壓縮空氣中的熱
轉為高溫

壓縮

加熱　　　　　　　　　　　　　　　　　變冷

暖氣機・熱水器　　**溫度上昇**　　　　冷氣機・冰箱

膨脹

溫度下降

急遽膨脹形成比周圍還低的溫度

熱泵原理的示意圖

引用自　科學技術政策　http://www8.cao.go.jp/cstp/5minutes/013/index2.html　部份經修正

◆為什麼冷氣機可以讓房間變冷變暖呢？◆

冷氣機透過改變冷媒的流動（改變熱的移動方向）來送出冷氣或是暖氣。

分離式冷氣可分為室內機與室外機，冷媒在兩台機器之間來回循環。

熱泵就是運用冷媒「移動熱的技術」。

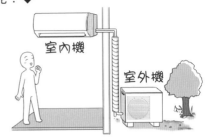

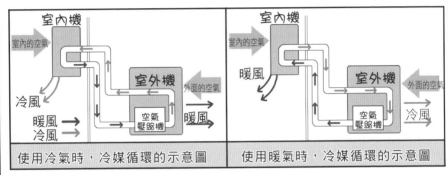

| 使用冷氣時，冷媒循環的示意圖 | 使用暖氣時，冷媒循環的示意圖 |

引用自エネルギアなん電だろう調查隊 http://www.energia.co.jp/eland/chosatai/index.html 部份修正

◆為什麼熱泵可以節能呢？◆

要啟動方便的熱泵需要電。
既然需要電，你可能會想「這一點也不節能」，但相較於用一般方法產生熱，熱泵所需要的電力有極大的減少。

通常產生熱時，要運用多少能量，就需要使用多少電力。
但是利用熱泵產生熱時，只有在啟動熱泵時才會用到電。
接下來熱泵會吸收空氣中的熱，得到所要運用的能量。
也就是說，這兩種發熱的原理有極大的不同。
而這發熱原理的差異，就是節能的原因。

◆冷氣電費變便宜的原因◆

熱泵的能量效率非常好。

要表達熱泵的能量消耗效率，有個名詞叫「COP（性能係數）」。

$$COP = \frac{冷暖氣等性能〔kW〕}{消耗電力〔kW〕}$$

若 COP 是 4，就是能夠以 1kW 的電執行 4kW 的冷暖氣。

我們就期待熱泵的未來發展，珍惜用電吧。

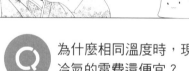

終於解開這個疑問了！我們的課程也到此結束～

總算解決了呢！我房間裡的冷氣機居然有這樣的秘密…！

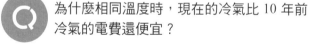

Q　為什麼相同溫度時，現在的冷氣比 10 年前冷氣的電費還便宜？

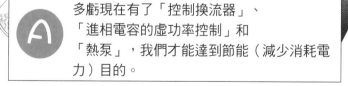

A　多虧現在有了「控制換流器」、
「進相電容的虛功率控制」和
「熱泵」，我們才能達到節能（減少消耗電力）目的。

不知不覺就過完
元旦假期了——

大過年叨擾你眞
對不起，

如果我在過年前
教完就好了…

啊，不會啦…！我也
沒想到妳會願意教我
那麼多啊…！

覺得工程數學如
何，

覺得好玩嗎？

呃…
啊，有啊，
非常有趣！

…眞的結束了呢…

…那個…
該不會，

是我硬要你說感想，你
才這樣講的吧…？

不不不不！
我眞的非常開心啊！

242

啊啊啊…失敗了…

她完全進入負面思考了…

呃…對了！橘小姐！

難得有這機會，要不要去新年參拜！

鏗噹
鏗噹

妳許了什麼願望？

呵呵呵，

祈求小電能推出一～大堆週邊商品！

啊啊…

太好了…
總之，
讓她恢復精神了。

青沼同學，你要不要寫祈福？

像是「祈求青沼同學愈來愈會算工程數學」！

如何呀？

…謝謝妳

不客氣～

啊…

祈求青沼同學愈來愈喜歡工程數學！

明

橘小姐的名字…

是明啊。

244

你…看到了！
看了嗎！

對…
對不起…

藏

其實我之前就滿好奇的…只是一開口問氣氛就變得很尷尬…

我覺得…是很好的名字唷。

明是很好的名字。

…這名字…

是來自天主教的一段話「與其述說晦暗與不平，不如向前邁進，發出光明」。

但是我自己卻是晦暗，又愛抱怨的負面個性…

例如到了聖誕節…我立刻就有「幸福的人們全部都變不幸吧！」這樣嫉妒的想法…

…所以對自己有
這樣的名字…

感到很丟臉…

…「明」這個名字，

非常適合妳啊。

…因為，妳看，

回想一下嘛。

——我們第一
次見面時，

照亮我的房間，

246

…對…

對我來說非常重要……

……

喀啦

我、

我到底在說什麼啦————！

啊沒事沒事！！

啊哇哇

剛剛的話請當作沒聽到！

拜託！！！！

…說這些該不會

是指我像計算工程數學一樣麻煩吧…？

！！

也不是這樣啦，

啊啊啊啊該怎麼說啊～～

沒有啦，

謝謝你，青沼同學。

聽你這樣一講…

我好像喜歡上自己的名字了。

…不客氣…

太好了，

她對我笑了…

青沼同學，

可以的話…要不要交換聯絡方式？

只是電子郵件信箱也可以…

什麼！！？

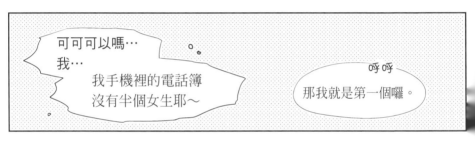

可可可以嗎…

我…

我手機裡的電話簿沒有半個女生耶～

呼呼

那我就是第一個囉。

若是工程數學又有不懂時…

…或是有其他事情時，

都可以跟我聯絡唷。

真的嗎…！！！

那、那我傳訊息過去囉…！！！

驚慌

驚慌

好。

250

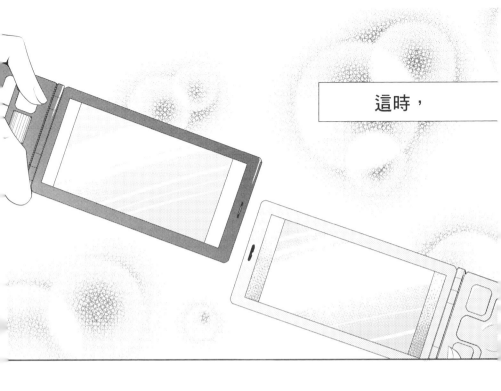

這時，

我真的覺得，和小明相遇，對我的人生真是一道明光。

喔喔喔……！

總覺得…好像經歷了不得了的事，

我…居然能這樣交上好朋友…！

感覺今年…會時來運轉啦…！！

碰！

哇，橘小姐！

不是才送妳去車站…

剛剛坐電車時傳了第一封簡訊給你…

我很用心寫好的內容…

居然出現錯誤訊息被退回來了啦！！！

你一定沒有付電話費吧——！！！

啊啊！！！！

驚

要繳錢啦，真是的—！！！

哇——對不起～～

…總之加油吧，

我一定要改變…

小雷之拳！！

252

作者簡介

田中 賢一（Tanaka Kenichi）

1969 年　生於宮崎縣延岡市

1990 年　畢業於國立都城工業高等專門學校電氣工學科（現在為電氣情報工學科）

1994 年　九州工業大學大學部　工學研究科博士前期課程修畢

曾擔任九州工業大學工學部電氣工學科（現在為電氣電子工學科）助教

現為明治大學綜合數理學院網絡設計系教授

九州工業大學工學博士

〈主要著作〉

「數位浮水印技術」（東京電機大學出版社）

「世界第一簡單電子電路」（Ohmsha、世茂出版社）

「圖像媒體工學」（共立出版）

「例解‧類比電子電路」（共立出版）

⚡製作簡介　Office sawa

創立於 2006 年。製作許多醫療、電腦、教育類的實用書籍以及廣告。擅於製作運用插畫或漫畫而成的說明書、參考書及促銷品等等。

e-mail：office-sawan.main.jp

⚡故事構思：澤田 佐和子

⚡作畫：松下 ママ

⚡排版編輯：Office sawa

索引

Note

超簡單圖解工程數學(電子電機)/田中賢一作；謝仲其譯.
-- 初版. -- 新北市：世茂出版有限公司, 2025.1
　　面；　　公分. --（科學視界；281）

　　ISBN 978-626-7446-43-0（平裝）

　　1.CST: 工程數學 2.CST: 漫畫

440.11　　　　　　　　　　　　　113015626

科學視界 281

超簡單圖解工程數學（電子電機）

作　　　者／田中 賢一
審　　　訂／大同大學機械工程學系專任教授 郭鴻森
譯　　　者／謝仲其
主　　　編／陳文君
責任編輯／廖原淇
封面設計／林芷伊
出 版 者／世茂出版有限公司
地　　　址／（231）新北市新店區民生路 19 號 5 樓
電　　　話／（02）2218-3277
傳　　　真／（02）2218-3239（訂書專線）
劃撥帳號／19911841
戶　　　名／世茂出版有限公司　單次郵購總金額未滿 500 元（含），請加 80 元掛號費
酷 書 網／www.coolbooks.com.tw
排版製版／辰皓國際出版製作有限公司
印　　　刷／世和彩色印刷股份有限公司
初版一刷／2025 年 1 月

I S B N／978-626-7446-43-0
定　　　價／380 元

Original Japanese language edition
MANGA DE WAKARU DENKI SUUGAKU
by Kenichi Tanaka, Mai Matsushita, Office sawa
Copyright © Kenichi Tanaka, Mai Matsushita, Office sawa 2011
Published by Ohmsha, Ltd.
Traditional Chinese translation rights by arrangement with Ohmsha, Ltd.
through Japan UNI Agency, Inc., Tokyo